高等职业教育“十四五”规划教材

校企合作工作手册式教材

现代养猪技术

刘 成 宁建龙 莫虹波 主编

中国农业大学出版社

· 北京 ·

内 容 简 介

习近平总书记在党的二十大报告中指出:"从二〇二〇年到二〇三五年基本实现社会主义现代化;从二〇三五年到本世纪中叶把我国建成富强民主文明和谐美丽的社会主义现代化强国。""坚持农业农村优先发展""加快建设农业强国,扎实推动乡村产业、人才、文化、生态、组织振兴。"农业是关系国计民生的基础产业,是安天下、稳民心的战略产业。畜牧业占农业产值30%以上,而养猪业在畜牧业中占比最大,也是关乎国计民生和食物安全的重要产业。本手册以现代养猪技术工艺为基础,根据楼房猪场和现代养猪技术的实际需求分为养猪基本知识、母猪场饲养管理操作规范、育肥场饲养管理操作规范和猪场规范管理四个项目。主要内容包括猪的品种、猪的生物学特性与行为特点、猪的引种与杂交方式、现代猪场的规划与设计、猪场生物安全、母猪场工作岗位操作要求、母猪场饲养管理操作规范、育肥场工作岗位操作要求、保育舍饲养管理操作规范、生长育肥舍饲养管理操作规范、母猪场规范管理和育肥场规范管理十二个学习任务。手册以操作规范为切入点,贴近生产,实用性强,为学生零距离从事现代化养猪就业提供技术支撑和保障。本手册既可作为高等职业院校畜牧兽医专业的工学结合教学教材,也可为广大养猪户从事现代养猪提供实用指南。

图书在版编目(CIP)数据

现代养猪技术/刘成,宁建龙,莫虹波主编.--北京:中国农业大学出版社,2023.6
ISBN 978-7-5655-2997-9

Ⅰ.①现… Ⅱ.①刘… ②宁… ③莫… Ⅲ.①养猪学 Ⅳ.①S828

中国国家版本馆CIP数据核字(2023)第110166号

书　名 现代养猪技术
作　者 刘　成　宁建龙　莫虹波　主编

策划编辑	康昊婷	**责任编辑**	许晓婧
封面设计	李尘工作室		
出版发行	中国农业大学出版社		
社　址	北京市海淀区圆明园西路2号	**邮政编码**	100193
电　话	发行部 010-62733489,1190		读者服务部 010-62732336
	编辑部 010-62732617,2618		出　版　部 010-62733440
网　址	http://www.caupress.cn	**E-mail**	cbsszs@cau.edu.cn
经　销	新华书店		
印　刷	北京时代华都印刷有限公司		
版　次	2023年7月第1版　2023年7月第1次印刷		
规　格	185 mm×260 mm　16开本　11.75印张　295千字		
定　价	36.00元		

图书如有质量问题本社发行部负责调换

编审人员

主　　编　刘　成（永州职业技术学院）
　　　　　宁建龙（湖南新五丰股份有限公司）
　　　　　莫虹波（新化县久阳农业开发有限公司）

副 主 编　刘艳书（湖南新五丰股份有限公司）
　　　　　吴荣杰（重庆诚鑫种猪养殖有限公司）
　　　　　胡永灵（湖南环境生物职业技术学院）

参编人员　（以姓氏拼音排序）
　　　　　卞春红（湖南新五丰股份有限公司）
　　　　　曹姝婷（永州职业技术学院）
　　　　　蒋　昊（永州职业技术学院）
　　　　　李锦林（湖南新五丰股份有限公司）
　　　　　李英明（永州市动物疫病预防控制中心）
　　　　　廖少山（永州职业技术学院）
　　　　　宋　果（宁远县动物卫生监督所）
　　　　　唐　伟（永州职业技术学院）
　　　　　唐艳林（永州职业技术学院）
　　　　　吴丹丹（湖南新五丰股份有限公司）
　　　　　吴炜炜（湖南新五丰股份有限公司）
　　　　　谢雯琴（永州职业技术学院）
　　　　　邹玖零（永州市动物疫病预防控制中心）

审　　稿　于桂阳（永州职业技术学院）
　　　　　周沛江（永州职业技术学院思政部）

序 言

我国具有数千年的养殖历史，就生猪养殖而言，养猪业发展至今，已经取得了巨大进步并进入了全新的发展阶段，成为农业发展的重要组成部分，在畜牧经济中占据重要的比重。养猪业作为国计民生的支柱产业，永远是朝阳产业，但在后非洲猪瘟时代，养猪人面对高风险依旧存在而高利润不再的行业现状，如何让养猪业走得更远，不仅仅需要定力，更需要找出问题存在的根源及解决途径。

当前，生猪养殖业正处在转型升级的关键时期，非洲猪瘟防控、环保压力巨大，资源约束趋紧，“猪周期”变化莫测等问题日益凸显，加之动物疫病分区防控政策下，“调猪”向“调肉”加速转变，建立生猪标准化现代养殖体系，对于提升生猪产业的生产水平和经济效益具有重要的影响和意义。

党的十八大以来，在以习近平同志为核心的党中央领导下，中国养猪业发展出现了可喜局面，推倒了一批又一批高能耗低产能猪场，建设了一大批现代机械装备的智慧猪场，创新地使用信息技术、云技术、物联网技术，建设了 200 多个楼房猪场，生猪产业发展出现创新、创造、创业大浪潮。湖南新五丰股份有限公司紧跟新时代的发展潮流，立足湖南畜牧养殖业，服务湖南养殖企业，推动湖南生猪产业高质量发展，本着“构建新格局，提高新质量，彰显新文化，展现新作为”的理念，履行好国企使命担当，践行为人类健康生活多做实事，建设了以新化久阳生态养猪场为代表的多个楼房猪场，实践现代养猪技术理论和工程建设，新五丰拥有培育和发展现代养猪技术的肥沃土壤。

2021 年 4 月 23 日，为践行湖南“三高四新”战略，贯彻国家全面乡村振兴战略，推动职业教育高质量发展，深化产教融合、校企合作，构建校企合作共同体，打造产学研协同的创新育人新模式，湖南新五丰股份有限公司与永州职业技术学院合作共建了“新五丰现代畜牧产业学院”，实现了课程结构与岗位任务的对接；实现了课程内容与职业能力的对接；实现了教学情境与工作情境的对接。最终设计出“课堂—生产岗位—课堂—生产岗位”循环式、“课堂教育—生产岗位—知识竞赛—技能比武”综合法等人才培养模式，开发了“现代养猪技术”“现代化猪场生态环境控制”“饲料加工与检测技术”“实验室诊断技术”等专业课程，构建了集课程标准、实训大纲、多媒体课件、习题库、网上答疑等于一体的工学结合立体化课程教学资源库。

由永州职业技术学院刘成同志牵头组织有关老师、专家撰写的《现代养猪技术》手册，反映了当前高等职业教育课程改革的总体要求，突出了高等职业教育课程特色，贴近实际，具有科学性、先进性、高等性和实用性。我坚信，这套教材将在推动高等职业畜牧兽医及其相关专业职业教育高质量的发展，推动我国现代养猪业的发展和贯彻国家全面乡村振兴战略方面起到很好的作用。

湖南新五丰股份有限公司党委书记、董事长：

2022 年 8 月

前　言

习近平总书记在党的二十大报告中指出："树立大食物观，发展设施农业，构建多元化食物供给体系。"新时代树立并贯彻大食物观，发展设施农业，对于我们深刻把握现代农业发展规律和深化农业供给侧结构性改革具有重要指导意义。树立大食物观就是从更好满足人民美好生活需要出发，顺应人民群众食物消费结构变化，在确保粮食供给的同时，保障肉类等各类食物有效供给。猪肉是我国大多数居民最主要的肉食品。党的十八大以来，在习近平新时代中国特色社会主义思想指导下，中国养猪业呈现出可喜的发展局面。10 年来，养猪业经历了 2016 年环保整治，推倒了一批产能落后猪场，建设了一批自动化、智能化猪场，养猪生产水平从 10 年前每头母猪提供 14 头到 2021 年的 20 头商品猪；5 年来，我们经历 2018 年非洲猪瘟疫情带来的影响，生猪产能出现 10 年新低，但在党的领导下，生猪产能很快得到恢复，中国养猪业每年要出栏近 7 亿头生猪，以满足 14 亿多人口消费需要。

党的二十大报告指出："牢牢守住十八亿亩耕地红线，逐步把永久基本农田全部建成高标准农田，深入实施种业振兴行动，强化农业科技和装备支撑，健全种粮农民收益保障机制和主产区利益补偿机制，确保中国人的饭碗牢牢端在自己手中。"牢牢守住十八亿亩耕地红线，确保中国人把饭碗装上自己亲手种的粮食，确保中国人肉盘子盛满中国人自己生产的猪肉，我们不能再拿耕地换猪场，只好走现代养猪生产之路，只好走空间发展之路，这就是楼房养猪。我们创新地使用信息技术、云技术、物联网技术，建设了 200 多个楼房猪场。如今，生猪产业发展出现创新、创造、创业大浪潮，要求我们努力调整战略布局与结构，努力提高养猪生产效率，提升综合管理水平，促进产教融合发展，"坚持教育优先发展、科技自立自强、人才引领驱动，加快建设教育强国、科技强国、人才强国，坚持为党育人、为国育才，全面提高人才自主培养质量，着力造就拔尖创新人才。"推进人才培养模式的创新。

为了践行湖南"三高四新"战略，推进湖南生猪产业高质量发展，构建新五丰现代畜牧产业学院新格局，展现产学研协同创新育人新作为，本手册根据楼房猪场和现代养猪技术的实际需求，以工作过程为导向设计课程模块和课程内容，分为养猪基本知识、母猪场饲养管理操作规范、育肥场饲养管理操作规范和猪场规范管理四个项目，主要内容包括猪的品种、猪的生物学特性与行为特点、猪的引种与杂交方式、现代猪场的规划与设计、猪场生物安全、母猪场工作岗位操作要求、母猪场饲养管理操作规范、育肥场工作岗位操作要求、保育舍饲养管理操作规范、生长育肥舍饲养管理操作规范、母猪场规范管理和育肥场规范管理等十二个学习任务，从而形成具有高等职业特色的课程结构。

本手册在编写过程中，邀请了湖南新五丰股份有限公司宁建龙高级兽医师、新化县久阳农业开发有限公司莫虹波高级工程师合作参与编写。青岛大牧人机械有限公司张树磊经理、湖南康普斯农牧科技有限公司彭真经理提供了部分宝贵的内部交流资料，永州职业技术学院于桂阳教授和永州职业技术学院思政部周沛江副教授担任主审工作，对手册提出了许多宝贵意见和建议，提升了本手册的质量，在此表示感谢。

由于编者水平有限，本书中难免存在不妥之处，恳请广大读者给予批评指正。

编　者

2022 年 11 月

目　录

项目一　养猪基本知识 …… 1

任务一　猪的品种 …… 1

一、猪种的经济类型 …… 2

二、引入猪种 …… 2

三、培育猪种 …… 5

四、主要地方品种 …… 6

五、湖南主要地方品种 …… 8

思考题 …… 10

任务二　猪的生物学特性与行为特点 …… 11

一、猪的生物学特性 …… 11

二、猪的行为特点 …… 13

思考题 …… 14

任务三　猪的引种与杂交方式 …… 15

一、种猪的性能指标评价 …… 15

二、猪的引种 …… 16

三、猪的常见杂交方式 …… 19

思考题 …… 20

任务四　现代猪场的规划与设计 …… 21

一、养猪生产工艺流程 …… 22

二、楼房猪场规划 …… 23

三、现代养猪设备 …… 31

四、2 400 头楼房母猪场建设标准 …… 47

五、育肥场工艺设计及建设要求 …… 51

六、5 000 头育肥场建设标准 …… 53

七、粪污处理系统 …… 55

思考题 …… 56

任务五　猪场生物安全 …… 57

一、猪场生物安全体系 …… 58

二、猪场外部生物安全 …… 64

三、猪场内部生物安全……72
四、猪场消毒……79
思考题……83
项目二 母猪场饲养管理操作规范……84
任务六 母猪场工作岗位操作要求……84
一、各类猪的饲料种类及喂料方案……85
二、猪饲养密度……85
三、猪适宜的饲养温度与湿度……86
四、疫苗注射操作规范……86
五、免疫程序……87
六、兽药使用操作规范……88
七、驱虫操作规范……90
思考题……90
任务七 母猪场饲养管理操作规范……91
一、不同类型猪场生产流程……92
二、母猪场主要生产技术指标……93
三、后备猪饲养管理操作规范……93
四、种公猪饲养管理操作规范……97
五、精液采集、品质检查、稀释、分装和贮存操作规程……99
六、配怀舍工作操作规范……103
七、分娩舍饲养管理操作规范……114
思考题……126
项目三 育肥场饲养管理操作规范……127
任务八 育肥场工作岗位操作要求……127
一、各类猪的饲料种类及喂料方案……128
二、主要生产技术指标……128
三、饲养密度……128
四、适宜的饲养温度和湿度……129
五、育肥场空舍(栏)消毒操作规程……129
思考题……129
任务九 保育舍饲养管理操作规范……130
一、工作安排……130
二、保育猪饲养管理操作规范……132
思考题……133
任务十 生长育肥舍饲养管理操作规范……134
一、工作安排……134

二、生长育肥猪饲养管理操作规范 …… 136
思考题 …… 140
项目四 猪场规范管理 …… 141
任务十一 母猪场规范管理 …… 141
一、猪场组织结构、人员编制及岗位职责 …… 142
二、会议与培训 …… 146
三、现代养猪数字经济 …… 147
四、报表管理和盘底要求 …… 148
五、兽药房管理制度 …… 149
六、仓库管理规范 …… 150
七、仓库管理细则 …… 151
思考题 …… 152
任务十二 育肥场规范管理 …… 153
一、育肥场组织结构、人员编制及岗位职责 …… 153
二、会议与培训 …… 155
三、报表管理和盘底要求 …… 156
思考题 …… 157
附件 …… 158
附件一 日报表填报项目解释表 …… 158
附件二 猪场猪舍设备检查表 …… 160
附件三 猪场免疫记录表 …… 161
附件四 猪场猪群治疗记录表 …… 162
附件五 猪场猪舍日常情况记录表 …… 163
附件六 后备母猪发情记录表 …… 164
附件七 猪场公猪采精记录表 …… 165
附件八 猪场精液检测记录表 …… 166
附件九 猪场配种原始记录表 …… 167
附件十 猪场分娩生产记录表 …… 168
附件十一 猪场保育、育肥生产日常记录表 …… 169
附件十二 猪场保育、育肥生产统计日报表 …… 170
附件十三 猪场生猪盘点工作表(公猪站) …… 171
附件十四 猪场生猪盘点工作表(配怀舍) …… 172
附件十五 猪场生猪盘点工作表(分娩舍) …… 173
附件十六 猪场生猪盘点工作表(后备、保育、育肥舍) …… 174
附图 …… 175
参考文献 …… 176

项目一

养猪基本知识

任务一　猪的品种

【思维导图】

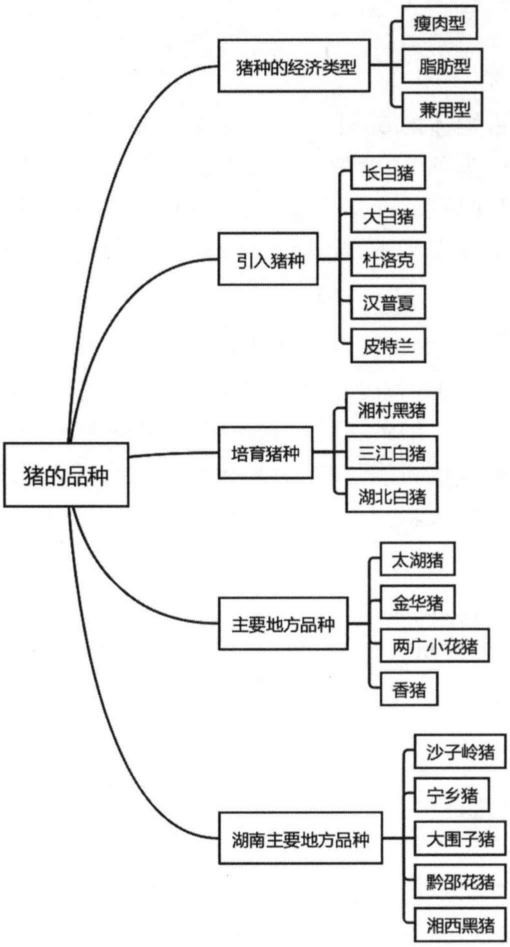

【工作目标】

1.保证引入种猪符合本品种的外貌特点和生产性能，保证品种的纯正；

2.保证我国培育猪种及主要地方猪品种符合该品种的外貌特征和生产性能；

3.保护湖南主要地方猪种的外貌特征和生产性能。

【职业素养】

1.创新性保护我国生猪品种资源，促进生猪产业高质量发展，践行湖南"三高四新"战略；

2.围绕现代养猪选择合适优良品种猪，为实施乡村振兴战略做出一定的贡献；

3.具有爱岗敬业、精益求精、开拓创新和团结务实的劳动精神和工匠精神。

养猪业是关乎国计民生的重要产业。畜禽种源是国家不可或缺的战略资源，《全国生猪遗传改良计划(2021—2035年)》实施以来，我国生猪种业自主创新能力持续提高，良种供给能力不断增强，种业科技贡献率达30%～50%，有力地支撑了生猪产业发展。良种是保障生猪产业健康发展的重要基础，是提升生猪产业核心竞争力的关键，也决定了生猪产业整个产业链的生产效率。就养猪生产效率而言，种质资源的贡献率在40%以上，因此选择合适优良的猪品种是实现现代化养猪的关键。

一、猪种的经济类型

1.瘦肉型

该种类型猪瘦肉比例占胴体的55%～65%，脂肪占30%左右；整个外形体躯长浅，整个身体呈流线形，前躯轻后躯重，头颈小，背腰特长，胸肋中满，背线与腹线平直，后躯丰满，四肢高长，粗壮结实，皮薄毛稀，习性活泼，产仔率高，生长发育快，但对饲料要求较高。外国引进的长白猪、大白猪、杜洛克猪和汉普夏猪，以及我国培育的三江白猪、湖北白猪等均属这个类型。

2.脂肪型

该种类型猪胴体脂肪多，一般脂肪占胴体比例的55%～60%，瘦肉占40%左右；整个外形呈方砖形，体躯短而宽深，下颌重，垂肉多，肋骨圆拱，背腰短宽，臀部丰满，四肢细而结实，体长与胸围基本相等；皮薄毛稀，体质细致，性温顺，耐粗饲，抗暑热，产仔数较低。这一类型猪能有效地利用饲料中碳水化合物转化为体脂肪，而利用饲料蛋白质转化瘦肉的能力较差。以太湖猪、荣昌猪、两广小花猪为典型代表。

3.兼用型

该种类型猪肉脂品质优良，风味可口，产肉和产脂肪能力均较强，胴体肥瘦肉各占50%左右；体形中等，背腰宽阔，中躯短粗，后躯丰满，体质结实，性情温顺，适应性强。我国培育的大多数猪种属于兼用型猪种。

二、引入猪种

1.长白猪

(1)产地　长白猪原名兰德瑞斯，原产于丹麦。

(2)外貌特征　全身白色，头狭长，颜面直，耳大前倾，体躯特长，呈流线形，背腰长，大腿丰满，后躯发达。

(3)生产性能　公猪日增重849 g，母猪日增重691 g；公猪达到90 kg日龄151 d，母猪达到90 kg日龄168 d；公猪料重比2.65∶1，母猪料重比3.22∶1；公猪背膘厚29.5 mm，母猪背膘厚25.1 mm。繁殖性能好，公猪8月龄可参与配种，经产母猪窝产仔猪11.6头以上，泌乳力高，28 日龄断奶重 8.5 kg 左右，30～100 kg 阶段平均日增重 865 g，全程料重比 2.4∶1 左右，瘦肉率 66%以上，从出生到 100 kg 出栏平均 155 d。它是国内养猪生产基本育种材料，应用它与大白猪正反杂交，生产出二元长大或大长母猪。在三元杂交中，以长白猪为第一父本与本地母猪交配，其杂交后代与第二父本杜洛克交配，可获得商品猪。主要特点是产仔数较多，生长发育较快，节省饲料，胴体瘦肉率高，但抗逆性差，对饲料营养要求较高(图 1-1，图 1-2)。

图 1-1　长白猪♂

图 1-2　长白猪♀

2.大约克夏(大白猪)

(1)产地　原产于英国北部的约克夏郡及其邻近地区。

(2)外貌特征　猪体格大，体型匀称，全身被毛白色，头颈较长，颜面微凹，耳薄大、稍向前直立，身腰长，背平直而稍呈弓形，腹平直，胸深广，肋开张，四肢高而强健，肌肉发达。

(3)生产性能　成年公猪体重 250～380 kg，成年母猪体重 140～350 kg；公猪日增重 758 g，母猪日增重 514 g；公猪达到 90 kg 日龄 156 d，母猪达到 90 kg 日龄 166 d；公猪料重比 2.41∶1，母猪料重比 3.50∶1；20～100 kg 阶段平均日增重 858 g，胴体瘦肉率 62%以上，从出生到 100 kg 出栏平均为 158 d。公猪背膘厚 28.7 mm，母猪背膘厚 25.1 mm。繁殖力好，母猪 8 月龄可参与配种，经产母猪窝产仔数 12 头以上。大白猪与长白猪一样构成国内养猪生产的原始猪种，引入我国的有英系、法系、加系、美系等大白猪种。大白猪种在杂交利用上主要用作母本，长白猪作父本生产长×大或大×长二元杂交母猪，作为规模化猪场的基础母本。在农村也可用大白猪作父本与地方母猪进行杂交，生产二元商品猪(图 1-3，图 1-4)。

图 1-3　大白猪♂

图 1-4　大白猪♀

3.杜洛克

(1)产地　原产于美国的新泽西州。

(2)外貌特征　全身被毛呈棕色、金黄色,深浅不一,允许体侧或腹下有少量暗斑点,头中等大,嘴短直,耳中等大小、略向前倾,背腰平直,腹线平直,体躯较宽,肌肉丰满,后躯发达,四肢粗壮结实。

(3)生产性能　成年公猪体重 300～400 kg,成年母猪体重 140～300 kg;公猪日增重 758 g,母猪日增重 514 g;公猪达到 90 kg 日龄 156 d,母猪达到 90 kg 日龄 166 d;公猪料重比 2.41∶1,母猪料重比 3.50∶1;20～100 kg 阶段平均日增重 850 g,胴体瘦肉率 68%以上,从出生到 100 kg 出栏平均 162 d。公猪背膘厚 28.7 mm,母猪背膘厚 25.1 mm。繁殖性能一般,经产母猪窝产仔平均 10 头左右。该品种体质健壮,抗逆性强,生长速度快,饲料利用率高,胴体瘦肉率高,肉质较好,繁殖力较强,但母性较差,产仔数不多,一般杜洛克猪主要用于终端父本生产杂交猪,主要杂交方式为杜×长×大或杜×大×长杂交组合(图 1-5,图 1-6)。

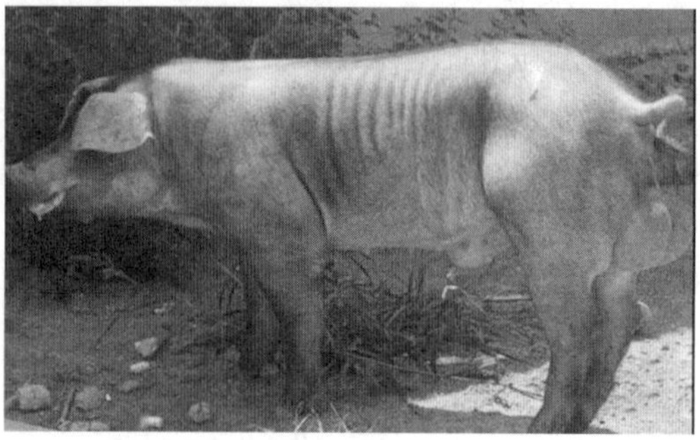

图 1-5　杜洛克♂

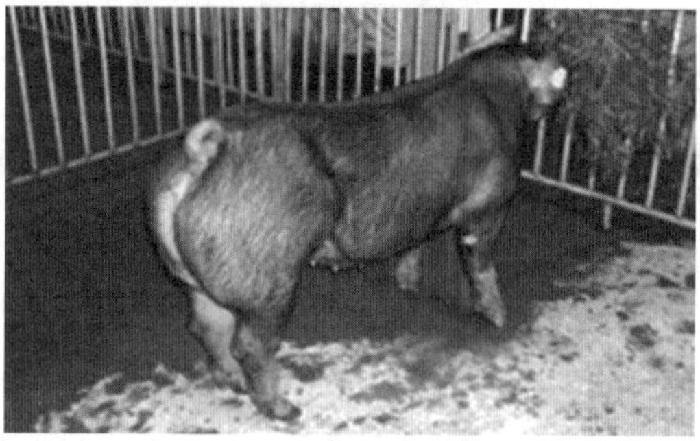

图 1-6　杜洛克♀

4.汉普夏(白肩猪)

(1)产地　汉普夏原产于美国肯塔基州布奥尼地区,是美国分布最广的猪种之一。

(2)外貌特征　头大小适中,颜面直,耳中等大,向上直立,嘴较长直;最突出特点为黑猪白腰带,白带围绕着肩和前肢,后肢常为黑色;中躯较宽,背腰粗短,体躯紧凑,微呈拱形。

(3)生产性能　成年公猪体重 310～400 kg,成年母猪体重 140～330 kg。平均产仔数 9 头,20～100 kg 阶段平均日增重 800 g。眼肌面积较大,胴体瘦肉率为 60%～62%。成年体重较大。常用汉普夏猪作父本,与其他杂种母猪进行杂交,生产三元杂交猪。但以汉普夏为终端父本的二元、三元杂种猪的日增重比以长白,大白和杜洛克为终端父本的二元、三元杂种猪的日增重较慢,同时猪体质也比其他猪差。因此,全国各地除外贸基地利用较多外,其他猪场用其较少(图 1-7,图 1-8)。

图 1-7　汉普夏♂

图 1-8　汉普夏♀

5.皮特兰

(1)产地　原产于比利时的布拉帮特省，是由法国的贝叶杂交猪与英国的约克夏猪进行回交，然后再与英国的大白猪杂交育成的，是近几十年在欧洲开始流行的肉用型新品种。

(2)外貌特征　被毛灰白而加有黑色斑点，有的还杂有部分红色。耳中等大小、向前倾，体躯宽深而较短，肌肉特别发达，骨骼细，四肢短。

(3)生产性能　平均窝产仔数10头，20～100 kg阶段平均日增重860 g，料重比2.6∶1，瘦肉率高达72%。从出生到100 kg出栏160 d左右。该品种主要特点是瘦肉率高，后躯和双肩肌肉丰满。但增重较慢，应激明显。由于其胴体瘦肉率高，因此多用其作父本进行二元或三元杂交。为避免应激反应出现，常与杜洛克或大白母猪杂交生产皮×杜或皮×大二元公猪作为商品猪场的终端父本(图1-9，图1-10)。

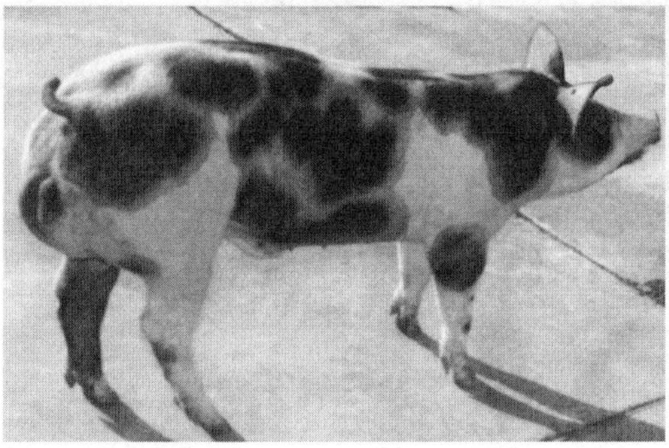

图1-9　皮特兰♂

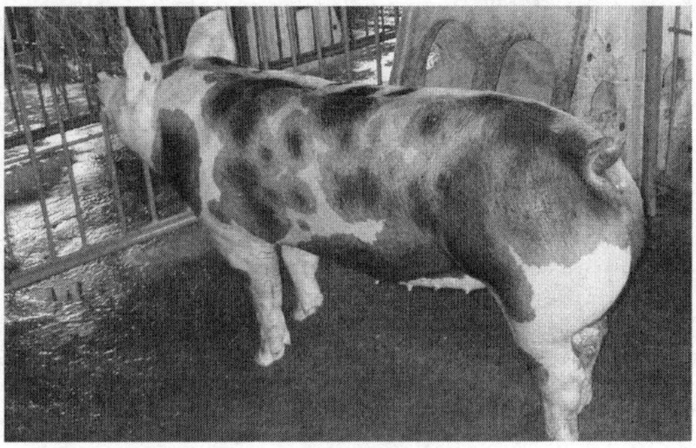

图1-10　皮特兰♀

三、培育猪种

目前我国已有40多个培育猪种，它既保留了我国地方品种猪的优良特性，又兼有引入品种的特点，大大丰富了我国猪种资源基因库。主要的培育猪种有湘村黑猪、三江白猪、湖北白猪等。

1.湘村黑猪

(1)产地分布　分布于湖南桃源一带。

(2)品种特征　桃源黑猪为母本，杜洛克猪为父本经杂交和继代选育、培育的瘦肉型猪。被毛黑色(允许肢、鼻和尾端有少许杂毛)，体质紧凑结实。背腰平直，胸宽深，腿臀较丰满。头大小适中、有微凹，耳中等稍竖立前倾。四肢粗壮，蹄质结实。乳头细长，排列匀称，有效乳头12个以上。产仔活数11.4头，90 kg体重日龄为175.80 d，胴体平均背膘厚29.21 mm，眼肌面积30.25 cm^2，胴体瘦肉率为58.76%。

2.三江白猪

(1)产地分布　主要分布在东北三江平原地区，是我国高寒地区培育的含有东北民猪血缘的品种。

(2)品种特征　比一般猪耐寒，胴体瘦肉率较高，但因三江白猪是用长白猪和东北民猪杂交后培育成的品种，应尽量不再与长白猪和东北民猪杂交，以免影响杂交效果，而可与苏白、哈白和大约克等猪进行正反交，效果都比较好，呈现出杂种优势。以三江白猪为母本与杜洛克、汉普夏杂交，其在一代杂种后代的日增重和瘦肉率均显出优势。

3.湖北白猪

(1)产地分布　湖北白猪是1986年湖北省育成的瘦肉型新品种，产于湖北省武昌、汉口一带，分布于华中地区。

(2)品种特征　该品种以湖北白猪作母本，以杜洛克、丹麦长白、汉普夏作父本，为彼此间无亲缘关系的独立品系；全身被毛全白，头稍轻，体长，两耳前倾或稍下垂，背腰平直，中躯较长，腹小，腿臀丰满，肢蹄结实，有效乳头12个以上。杂交后代平均日增重为645 g，料重比3.49∶1，胴体瘦肉率62%左右(图1-11，图1-12)。

图1-11　湖北白猪♂

图1-12　湖北白猪♀

四、主要地方品种

我国主要地方猪种是脂肪型和肉脂兼用型的品种，有48个左右，其种群较大，分布较广，影响较大的地方猪种主要有太湖猪、金华猪、两广小花猪、香猪等。

1.太湖猪

(1)产地　产于江浙地区太湖流域。

(2)外貌特征　体型中等，被毛稀疏，黑或青灰色，四肢、鼻均为白色，腹部紫红，头大额宽，额部和后躯皱褶深密，耳大下垂、形如烤烟叶，四肢粗壮，腹大下垂，臀部稍高，乳头8～9对，最多12对。

(3)生产性能　公猪体重150～200 kg，成年母猪150～180 kg，经产母猪窝产仔数可达16头；3胎以上，每胎可产20头，优秀母猪窝产仔数达26头。太湖猪与引进的瘦肉型品种进行二元杂交，商品猪胴体瘦肉率可达53%以上(图1-13，图1-14)。

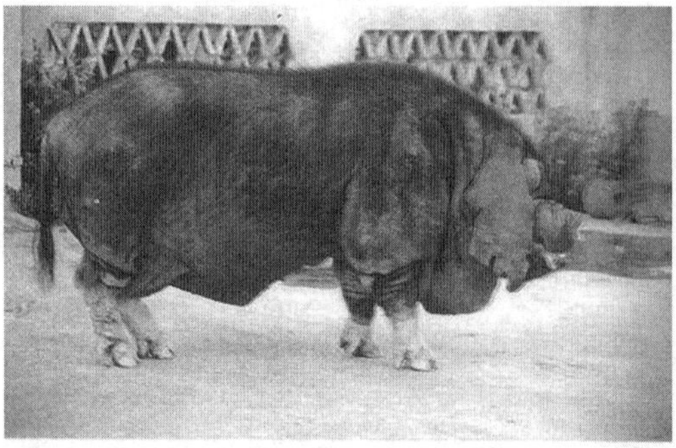

图1-13　太湖猪♂

图1-14　太湖猪♀

2.金华猪

(1)产地 产于浙江省金华地区的义乌、东阳和金华3个县。

(2)外貌特征 按头型可分为“寿字头”和“老鼠头”2种类型。体型中等偏小,毛色遗传性比较稳定,除头颈和臀部、尾巴为黑色外,其余均为白色,故有“两头乌”之称;耳中等大小、下垂,额上有皱纹,颈粗短,背稍凹,腹大微下垂,臀较倾斜,四肢较短,蹄坚实,皮薄毛稀,乳头多为7~8对。

(3)生产性能 具有性成熟早、繁殖力高、皮薄骨细、肉质好、腿臀发达、瘦肉多等特点。缺点是肉猪后期生长慢,饲料利用率较低。金华猪与引进的瘦肉型品种猪进行二、三元杂交,有明显杂种优势(图1-15,图1-16)。

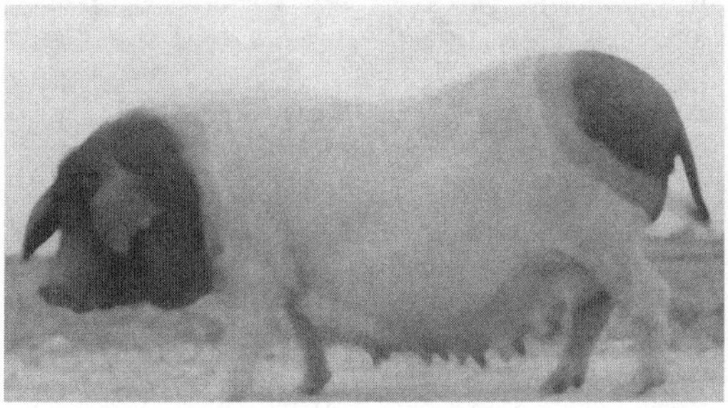

图1-15 金华猪♂

图1-16 金华猪♀

3.两广小花猪(陆川猪)

(1)产地 产于广东、广西地区。

(2)外貌特征 体短和腿矮为其特征,表现为头短、颈短、耳短、身短、脚短、尾短,故又称为六短猪,额较宽,有Y形或棱形皱纹,中间有白斑三角星,耳小向外平伸,背腰宽而凹下,腹大多拖地,体长与胸围几乎相等,被毛稀疏,毛色均为黑白花,黑白交界处有4~5 cm宽的晕带,乳头6~7对。

(3)生产性能 母猪4~5月龄体重不到30 kg即开始发情,多在6~7月龄、体重40 kg时初配,初产平均产仔8头,3胎以上平均产仔10头。两广小花猪可作母本与引进的瘦肉型品种进行杂交,具有较好的杂种优势(图1-17,图1-18)。

图1-17 两广小花猪♂

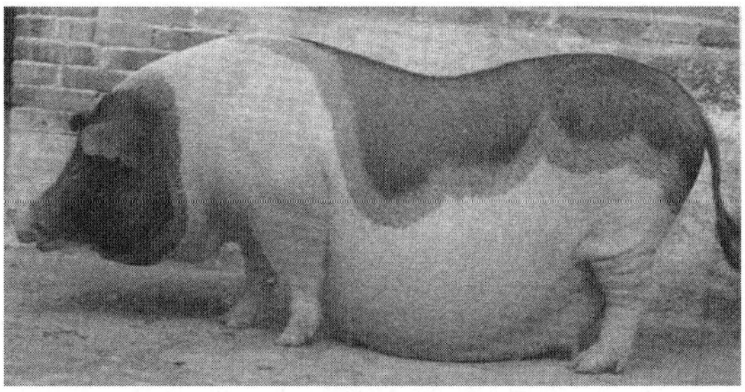

图1-18 两广小花猪♀

4.香猪

(1)产地 主要产于贵州省从江县、三都县。

(2)外貌特征 嘴筒长、直呈锥形,额面窄,额部皱纹少,耳小直立或向前平伸,被毛黑色居多，部分初生仔猪有棕黄色纵行条纹，体小，体躯较短，胸较狭，背腰平直或微弯，腹线较平，后躯较前躯高，臀部倾斜，四肢紧凑结实，乳头数 5 对。

(3)生产性能　成年母猪体重 41 kg，成年公猪体重 36 kg，藏香猪繁殖力较强，年产 2 胎，头胎产仔 4～5 头，3 胎以上 6～7 头。育肥期日增重为 173 g，48 kg 左右屠宰率为 66.6%，胴体瘦肉率为 52.5%；背膘厚 30 mm，眼肌面积 16.8 cm^2（图 1-19，图 1-20）。

图 1-19　香猪♂

图 1-20　香猪♀

五、湖南主要地方品种

1.沙子岭猪

(1)产地　原产在湘潭市城郊沙子岭一带。

(2)外貌特征　母猪体型分为大小两种，体格中等；毛色为“点头墨尾”，即头和臀部为黑色，且皮肤上有黑晕，其他部位均为白色，背部间有黑斑成隐花（占 17%左右）。头部黑斑以两额角为中心分 2 块连于头颈，头部黑斑块有未越耳根和越过耳根两种表现型。臀部黑斑绕尾根呈圆形或椭圆形。成年猪皮肤较厚，肤色淡白，体长中等，体躯较宽，颈短粗，背腰较平直，腹大而拖地，臀部发育一般，大腿欠丰满。四肢粗壮结实，前肢正直，后肢微弯、开张，蹄甲坚实。乳房发育良好，母猪乳池宽大，乳头多在 14 个以上，双乳头的呈对称排列，单乳头的为“品”字形排列。

(3)生产性能　初产仔数(8.62±0.34)头，3 胎以上产仔数(12.39±0.16)头，产活仔数(11.53±0.11)头，60 日龄断奶窝重(123.8±0.33)kg。13.78～89.04 kg 肥育猪平均日增重达 511.97 g，料重比 4.03：1；6～7 肋背膘厚 43.7 mm，眼肌面积 22.90 cm^2；胴体瘦肉率为 41.05%。

2.宁乡猪

(1)产地　原产于湖南宁乡县流沙河、草冲一带。

(2)外貌特征　按头型可分为“狮子头”“福字头”和“阉鸡头”3 种类型，毛色为黑白花；两耳下垂，呈“八”字形；体型中等，躯干较短，结构疏松，清秀细致，体躯矮短圆肥，呈圆筒状；背腰平直，腹大下垂，但不拖地，臀斜。四肢粗短，前肢挺直，后肢弯曲，多有卧系。

(3)生产性能　初产仔数(8.66±0.53)头，3 胎以上产仔数(11.96±1.29)头，产活仔数(11.71±1.14)头，60 日龄断奶窝重(181.16±8.92)kg；14.02～71.13 kg 肥育猪平均日增重达 530.25 g，料重比 3.29：1；平均背膘厚 45 mm，眼肌面积 20.68 cm^2；胴体瘦肉率为 38.51%（图 1-21，图 1-22）。

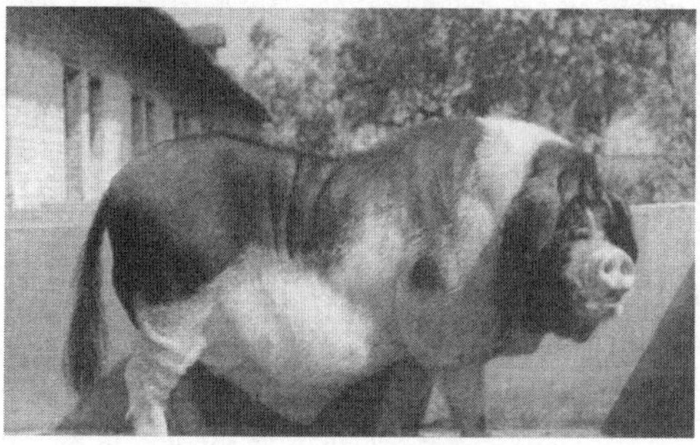

图 1-21　宁乡猪♂

图 1-22　宁乡猪♀

3.大围子猪

(1)产地　原产于湖南省长沙市的大托铺和南托一带。

(2)外貌特征　全身被毛为灰黑色,皮肤呈粉红色,四肢下端为白色,俗称“四脚踏雪”或称“寸子花”。头形清秀,耳中等大,耳根硬,耳尖薄,半下垂呈“八”字形,群众称“蝴蝶耳”;头分长头和短头两种,长头型俗称“阉鸡头”,头顶较斜,额较窄,嘴筒圆而较小,额部皱纹较浅;短头型俗称“寿字头”,头顶较平,额较宽,嘴筒粗而稍扁,面微凹,额上皱纹较深;颈长短适中,颌下无垂肉。胸宽而深,背腰宽而稍凹,腹大略下垂形成锅底状;臀部宽而稍倾斜,十字部略高于鬐甲部,形成前低后高体态。大腿较丰满,飞节上部皮肤有皱褶,肢间距宽。尾根粗,尾尖稍扁,俗称“泥鳅尾”,乳头数 12～16 个。

(3)生产性能　窝总产仔数(11.06±0.28)头,产活仔数(10.04±0.18)头,60 日断奶窝重(118.8±5.09)kg。肥育猪平均日增重 505.96 g,料重比 4.3 ∶ 1;6～7 肋背膘厚 36.40 mm,眼肌面积 19.15 cm^2;在宰前平均体重 75.43 kg 时,屠宰率 71.28%,胴体瘦肉率 46.24%。

4.黔邵花猪

(1)产地　原产于湖南省雪峰山西南部,云贵高原的延伸地带,沅水上游及其支流巫水等流域(位于怀化、邵阳两地区)。

(2)外貌特征　毛色由白色和黑色组成,因其鼻和镶嵌在额中的白毛衬托而表现为典型的“花头猪”。根据体表白毛面积多少主要分为“大白花”和“小白花”。前者除头、耳、臀、尾部为黑色外,嘴筒、额中、肩部、四肢、腹部、尾尖均为白色,包括“花头白身”和“花头黑臀”。后者不同的是,黑色从臀尾部延伸至腰荐部或胸背部,呈典型的“花头盖雪”状。“马鞍花”在猪的背腰中部有一片马鞍状黑毛,“斑点花”在猪的背腰或臀部分布有形状、面积不一的黑色斑块。头型主要有 3 种:长嘴花,头较小、清秀,嘴筒、鼻梁长而直,额较窄,皱纹少;短嘴花,嘴吻和身躯较短;大头花,头大额宽,有较深的横行皱纹,体躯比较高大。耳较大、匀称,背腰平直或稍凹,腹中等大,不拖地,臀部匀称,乳头多为 12～17 个,四肢较粗壮。黔邵花猪初生时为立系,大约 1 岁半后慢慢变为卧系,与小栏圈养,填草积肥,不设运动场,长期生活在松软、潮湿的环境中缺乏运动以及缺钙等因素有关。尾大较短,一般不超过飞节,肋骨 13～14 对。

(3)生产性能　窝总产仔数(9.83±0.29)头,初生窝重(8.16±0.21)kg,初生个体重(0.71±0.02)kg,平均(32.81±0.36)日龄断奶,断奶个体重(7.04±0.02)kg;背膘厚 38.6 mm,眼肌面积 22.94 cm^2;在宰前平均体重 72.50 kg 时,屠宰率 70.70%,胴体瘦肉率 40.51%。

5.湘西黑猪

(1)产地　原产于湖南西部沅水中下游两岸，其中较著名的有桃源黑猪和浦市黑猪等类型。

(2)外貌特征　湘西黑猪有长嘴型与短嘴型两个类型，长嘴型头较粗长，脸平直或微凹，眼睑及嘴角边缘生长着长须；短嘴型头较短而宽，鼻嘴较大，鼻盘黑色，鼻镜中隔间或有白斑，额较狭，有较浅的纵形皱纹，一般呈"介"字形或"Y"字形，耳中等大小，耳根较硬，耳面下垂；全身被毛为黑色，有的呈黑灰色，有的在肢端、尾尖出现白色；颈较长，有肉垂，颈肩结合良好，背腰较长且宽而平直。母猪腹大不拖地(但少数高产母猪在孕后期拖地)，乳房发达，乳头数为14～16个，排列对称，最后1对乳头分开；臀部较宽，稍倾斜，公猪前躯较高，母猪后躯高于前躯；四肢粗壮结实，强健有力，肢势正常，无卧系。

(3)生产性能　3胎以上产仔数(11.9±0.92)头，60日断奶窝重(189.54±30.1)kg；背膘厚(36±3.3)mm，眼肌面积(24.6±2.86)cm^2；在宰前平均体重75.43 kg时，屠宰率71.28%，胴体瘦肉率为48.2±1.23%。

【思考题】

1.猪种的经济类型有哪些？

2.简述长白猪的原产地、外貌特征和主要特点。

3.简述大约克夏猪的原产地、外貌特征和主要特点。

4.简述杜洛克猪的原产地、外貌特征和主要特点。

5.简述汉普夏猪的原产地和外貌特征。

6.简述皮特兰猪的原产地、外貌特征和主要特点。

7.我国影响较大的地方猪种主要有哪些？

8.湖南主要地方品种有哪些？

二维码1　猪的品种思考题及答案

任务二　猪的生物学特性与行为特点

【思维导图】

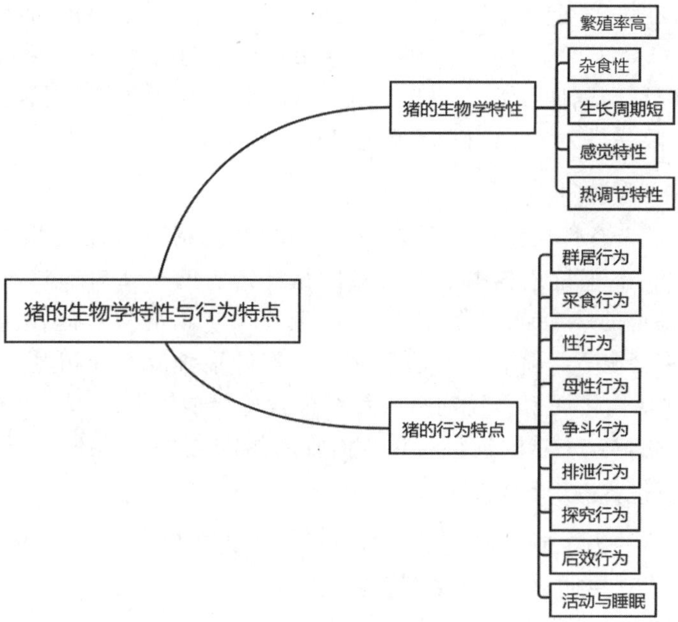

【工作目标】

1.能根据猪的生物学特性改进饲料配合方式；

2.能根据猪的行为特点制定科学的养猪饲养工艺，促进现代养猪业转型升级。

【职业素养】

1.认识国家粮食安全与养猪业可持续发展战略的关系；

2.践行湖南“三高四新”战略，实施乡村振兴战略；

3.具有爱岗敬业、精益求精、开拓创新和团结务实的劳动精神和工匠精神。

在现代养猪生产中认识和掌握猪的生物学特性，给予适当的条件并加以充分利用，能获得较好的繁殖和饲养效果。猪在行为上有一定的特殊表现，而且有一定的规律性，掌握和科学地利用猪的行为特点，改革传统饲养方法，制定科学的饲养工艺，设计现代的猪舍和装备现代养猪设施，促进养猪转型升级，最大限度地创造适合于猪习性的环境条件和饲养管理条件，对于提高猪的繁殖性能和生产性能具有重要意义。

一、猪的生物学特性

1.猪的繁殖率高，世代间隔较短

猪是常年发情的多胎高产动物，一般在4～6月龄就达到性成熟，6～8月龄就可以初次配种。猪的繁殖力相当高,1 头母猪卵巢中卵原细胞数有 11 万个左右,而繁殖利用年限内排卵数为 400 个左右,情期排卵数为 12～20 个;1 头成年公猪 1 次射精数量为 200～400 mL,含精子总数有 200 亿～800 亿个,1 亿～3 亿个/mL。猪的窝产仔数多,平均为 10～12 头,特别是我国的地方猪种,如太湖猪,公猪 4 月龄开始产生精子,母猪开始发情排卵,比国外品种早 3 个月,窝产活仔数平均为 15～16 头,个别高产母猪 1 胎产仔超过 22 头,最高窝产仔数达 36 头。据报道,浙江金华猪在第 16 胎时,窝产仔数也可达到 14～15 头。猪的世代间隔较短,猪的妊娠期短,平均只有 114 d,1 年能分娩 2 胎以上,如果进行早期断奶,年产胎数(年产胎数＝365/妊娠期＋哺乳期＋配种间隔期)为 2.2～2.5 胎。猪的繁殖利用年限较长,我国饲养的引进猪种,母猪繁殖利用年限一般为 3～5 年(现代化规模养猪场为 3～4 年)。

2.猪具有杂食性,饲料利用率高

(1)耐粗饲　猪的杂食性决定了它具有一定的耐粗性,猪对粗纤维的消化率低,差异范围很大,一般为 3%～25%;保持饲料中一定含量的粗纤维有助于猪对饲料有机物的消化(延缓排空时间和加强胃肠道的蠕动)和猪的健康(改善肠道微生物群落),但含量不能过高,否则猪对饲料的消化利用率会大大下降。生长育肥猪饲料粗纤维含量不宜超过 7%～9%,成年猪不宜超过 10%～12%(现代化规模养猪饲料中粗纤维含量要求较低)。

(2)饲料利用率高,与牛、羊的饲料转化成肉食品相比,猪的效能最高。

3.猪的生长周期短,沉积脂肪能力强

(1)猪的初生体重约为 1.3～1.5 kg,30 日龄的体重为初生重的 5～6 倍。猪生长发育特别快,尤其是瘦肉型猪表现更明显,在满足其营养需要的条件下,一般 160～170 日龄体重可达到 90～100 kg 即可出栏上市,相当于初生重的 90～100 倍。

(2)生长发育顺序为"小猪长骨,大猪长肉,肥猪长膘",是对猪的生长发育规律做出了科学的总结。

4.猪的感觉特性

(1)猪的视觉　猪为有色视觉,但不能调节,辨色能力差,养猪者常利用猪的这一特点,用假母猪台进行公猪采精训练。猪的视距、视野范围小,靠近物体才能看得见,一般对光刺激比声刺激出现条件反射慢得多,对光的强弱和物体形表的分辨能力弱。

(2)猪的味觉　猪喜欢甜食,尤其小猪更喜欢甜食与人工调味饲料。味觉的重要性随猪龄的增长而减弱。

(3)猪的嗅觉　猪的嗅觉灵敏,对任何气味都能嗅到和辨别。据测定,猪对气味的识别能力高于狗 1 倍,高于人 7～8 倍。嗅觉功能对猪非常重要,猪除了在进食前先用嗅觉鉴别外,还用嗅觉来识别其他猪、动物和人。猪体内还有一种特殊腺体,分泌一种左右其习性的外激素,仔猪寄养时可先将寄养的仔猪与该母猪的仔猪放入同一箱内待一段时间,然后让其与母猪接触,可以降低母猪根据气味来判断亲疏的能力。仔猪断奶时进行分群饲养,可利用气味混合法把打架咬群现象降至最低限度。

(4)猪的听觉　猪的听觉极佳,母猪根据听觉辨别仔猪或遇有危险时,母猪发出分散或集合的呼叫信号,仔猪也发出类似的反应。

(5)猪的触觉　猪鼻是主要的触觉器官,鼻内黏膜有大量神经末梢,每单位表面积的数目比自体其他部位要多。猪用鼻探寻、识别所有接触的物体。新生仔猪也是用鼻子的触觉顺着母猪猪毛走向找乳头，猪毛走向朝着母猪腹部与乳房中部。猪的背部触觉特别敏感，小猪特别反感搓其背部，而抓住后腿或尾巴将其提起则是可以接受的；成年猪对压迫其背部比压迫其后部或下腹（向上压）反应强烈；哺乳母猪及怀孕母猪愿意接受腹部按摩，这种现象似乎与吮吸乳头反应有关。

5.猪的热调节特性

（1）小猪怕冷　初生仔猪大脑皮层体温调节中枢发育不健全，对温度调控能力低下；皮下脂肪少，被毛稀，散热快；体表面积/体重比值大，单位重量散热快。

（2）大猪怕热　猪的汗腺不发达，散热能力特别差；皮下脂肪层厚，在高温高湿下体内热量不能得到有效散发；皮肤的表皮层较薄，被毛稀少，对热辐射的防护能力较差。

二、猪的行为特点

1.群居行为

猪具有群居性，一个稳定的猪群，是按优势序列原则，组成有等级制的社群结构。猪的群体一般以20～22头为最适群体，每栏饲养量如果超过26～30头，会出现不停争斗的现象，大欺小，强欺弱，形成群体参差不齐，影响生长发育；猪有合群性，猪群具有明显的等级，这种等级刚出生后不久即形成，仔猪出生后几小时内，为争夺母猪前端乳头会出现争斗行为，常出现最先出生或体重较大的仔猪获得最优乳头位置。

2.采食行为

猪的采食行为包括摄食与饮水，并具有各种年龄特征。猪生来就具有拱土的遗传特性，拱土觅食是猪采食行为的一个突出特征。嘴鼻子是高度发育的器官，在拱土觅食时，嗅觉起着决定性的作用。如果食槽易于接近的话，个别猪甚至钻进食槽，站立食槽的角，以吻突沿着食槽拱动，将食料搅弄出来，抛撒一地。猪的采食具有选择性，特别喜爱甜食。颗粒料和粉料相比，猪爱吃颗粒料；干料与湿料相比，猪爱吃湿料，且花费时间也少。猪在白天采食6～8次，比夜间多1～3次，仔猪吃料时饮水量约为干料的2倍。

3.性行为

性行为包括发情、求偶和交配行为。母猪在发情期主要表现卧立不安，食欲忽高忽低，可以见到特异的求偶表现，发情中期，母猪性欲高度强烈，当公猪接近时，调其臀部靠近公猪，闻公猪的头、肛门和阴茎包皮，紧贴公猪不走，甚至爬跨公猪，最后站立不动，接受公猪爬跨，管理人员压其背部时，出现有"呆立反射"。公猪也表现一些交配前的行为，如追逐母猪，嗅其体侧肋部和外阴部，突然往上拱动母猪的臀部，口吐白沫，发出"哼哼"声，兴奋时出现有节奏的排尿现象。

4.母性行为

猪的母性行为主要表现在母猪的分娩前后，通常现代网床的母猪分娩前会用蹄子抓地（网子）来表示。母猪分娩时，多采用侧卧，选择最安静的时间分娩，一般多在下午16:00以后，特别是在夜间产仔多见；猪产出后，母猪进行哺乳和抚育，母仔之间通过嗅觉、听觉和视觉来相互识别和联系，母猪来保护自己的仔猪。

5.争斗行为

猪具有争斗的行为主要表现在一个新的猪群组建时，为了争夺霸主地位，建立群居位次，而进行咬斗和咬尾。不同窝仔猪并圈喂养时，开始会激烈争斗，并按不同来源分小群躺卧，在24～48 h内明显的统治等级体系就可形成，优势序列建立后，就开始和平共处地正常生活。另外，在争抢饲料和地盘时，也有争斗行为。

6.排泄行为

猪的排粪、排尿是有一定区域的，有其固定的排粪、排尿的地方，与吃睡的地方分开；猪的排粪、排尿也有一定的时间，一般多在食后饮水或起卧时，生长猪在采食过程中不排粪，饱食后的5 min左右开始排粪1～2次，多为先排粪后排尿；在饲喂前也有排泄的，但多为先排尿后排粪。在2次饲喂的间隔时间里猪多为排尿而很少排粪，一般夜间排粪2～3次，早晨排泄量最大。

7.探究行为

探究力指的是对环境的探索和调查，并同环境发生经验性的交互作用；探究行为包括探查活动和体验行为。猪的一般活动大多来源于探究行为，大多数是朝向地面上的物体，通过看、听、闻、尝、啃、拱等感官进行探究，表现出很发达的探究力，仔猪对小环境中的一切事物都很"好奇"，对同窝仔猪表示亲近，同时仔猪探究行为的另一特点是用鼻盘来摆弄周围环境物体，这是猪探究行为的主要方面，其持续时间比群体玩闹时间还要长。猪在觅食时，首先是拱掘动作，先是用鼻闻、拱，当诱食料合乎口味时，便开口采食，这种觅食过程也是探究行为。仔猪7日龄补料要经2～4 d才少量吃料。

8.后效行为

后效行为也称条件反射行为，是猪出生后对新鲜事物的熟悉而逐渐建立起来的。如小猪在人工哺乳时，每天定时饲喂，只要按时给以哨声或铃声或饲喂用具的敲打声，反复练习几次即可听从信号指挥，到指定地点吃食。

9.活动与睡眠

猪的大部分活动时间是在白天，在温暖的季节，尤其是夏季，夜间也有活动和采食的。猪的休息睡眠时间平均为14～20 h，休息的高峰在半夜，清晨8:00左右休息最少；哺乳母猪睡卧休息有两种：一种是静卧休息姿势，多为侧卧，另一种是熟睡，多为侧卧；仔猪出生后3 d内，除吸乳和排泄外，几乎全是酣睡不动，随日龄增长和体质的增强活动量逐渐增多，睡眠相应减少，但至40日龄大量采食补料后，睡卧时间有所增加，饱食后睡眠一般较安静。

【思考题】

1.猪的生物学特性包括哪些方面？

2.猪的感觉特性包括哪些方面？对现代养猪生产有何指导意义？

3.猪有哪些行为特点？

二维码2　猪的生物学特性与行为特点思考题及答案

任务三　猪的引种与杂交方式

【思维导图】

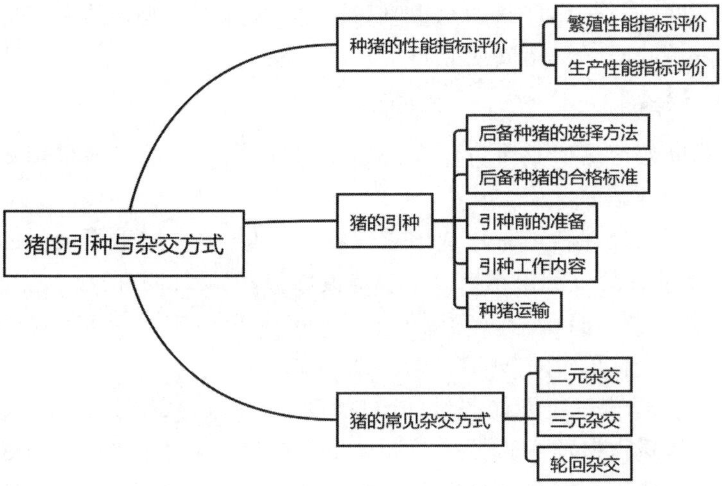

【工作目标】

1.围绕我国种业振兴，做好猪的引种，促进新型的良种猪繁育体系建立；

2.7 月龄后备种猪体重达到 120 kg 左右；

3.避免从疫区引进种猪，引进种猪经隔离饲养后的成活率 98%以上；

4.8 月龄后备母猪有 2 次以上发情记录的达 85%以上。

【职业素养】

1.实施《全国生猪遗传改良计划(2021—2035)》，破解制约我国生猪种业发展的“卡脖子”关键问题，加大对地方猪遗传育种资源的保护，实施乡村振兴战略；

2.创新生猪育种方式，践行湖南“三高四新”战略；

3.具有爱岗敬业、精益求精、开拓创新和团结务实的劳动精神和工匠精神。

在养猪生产中建立以种公猪基因传递为主、父母代母猪内循环供应的下一代良种猪繁育体系模式，推动全基因组选择、基因组设计育种、智能化表型测定等未来种猪选育技术进步，完善家畜遗传资源保种体系，提高猪的繁殖性能和生产性能，以获得最佳的养猪经济效益。

一、种猪的性能指标评价

1.繁殖性能指标评价

(1)初产日龄　母猪头胎产仔时的日龄。

(2)LFY　每年每头母猪产仔窝数(胎指数)，LFY＝365/妊娠期＋泌乳期＋非生产天数。参见日报表填报项目解释表(附件一)。即总产仔数(包括木乃伊、死胎)和活仔数(产后24 h

内存活的仔猪数)。

(3)初生个体重和初生窝重　初生个体重指出生 12 h 内称的个体重量;初生窝重指同窝仔猪初生重的总和(不包括死胎)。

(4)PSY　指每头母猪每年所能提供的断奶仔猪头数,PSY＝母猪年产胎次×母猪平均窝产活仔数×哺乳仔猪成活率,是衡量母猪繁殖性能的指标。

(5)断奶窝重　断奶时全窝仔猪的总重量,是衡量母猪哺乳能力的主要指标。

(6)断奶后再发情间隔　母猪断奶到再配种的间隔。

2.生产性能指标评价

(1)日增重　指断奶至屠宰整个育肥期间的平均日增重,目前一般采用 20～90 kg 或 25～90 kg 期间每天的增重来表示。

(2)饲料转化率　也称耗料增重比或增重耗料比,即每单位增重所消耗的饲料。

(3)达 100 kg 体重日龄　测定结束时早晨空腹称重,记录日期,按如下公式转换成达 100 kg 体重日龄。校正日龄＝测定日龄－[(实测体重－100)/CF],CF 公＝(实测体重/测定日龄)×1.826 40,CF 母＝(实测体重/测定日龄)×1.714 615。

(4)MSY　指每头母猪每年所能提供的出栏育肥猪头数,MSY＝PSY×育肥猪成活率。

(5)屠宰率　胴体重占宰前的百分比。胴体重是指屠宰后去内脏、头和蹄后的重量。

(6)活体背膘和眼肌面积　猪活体背膘和眼肌面积测定一般在同一位置。我国计算背膘厚采用三点平均值,即宰后胴体背中线肩部最厚处、胸腰椎结合处和腰荐椎结合处三点膘厚的平均值;国外采用胴体探测仪测定离背中线 6～8 cm 处倒数第三到第四肋间的背膘厚称为边膘厚。眼肌面积为胴体胸腰椎结合处背最长肌横截面的面积,计算公式为眼肌面积(cm^2)＝眼肌宽度(cm)×眼肌厚度(cm)×0.7。常规监测应选择体重 85～105 kg 的健康猪只,测量数据利用育种软件(如 GBS 育种软件)等进行 100 kg 背膘厚和眼肌面积的校正。

(7)胴体瘦肉率　瘦肉占瘦肉、脂肪、皮和骨的总重百分比,计算公式为胴体瘦肉率(%)＝瘦肉重/(瘦肉重＋脂肪重＋皮重＋骨重)×100%。

二、猪的引种

(一)后备种猪的选择阶段

后备种猪是指仔猪育成阶段结束到初次配种前的青年种用公、母猪。

(1)断奶时选择　根据育种计划配种的种猪后代,在断奶时采用窝选,即在父母都是优良个体的相同条件下,从产仔数多、断奶个体重大和断奶窝重大的窝中选留发育良好的仔猪,剔除有遗传缺陷,如雌雄同体、畸形猪、先天锁肛、疝气等和不具有明显种用价值的个体,淘汰有疾病、生长发育受阻、体质弱小的仔猪。

(2)保育结束转栏时选择　采用窝选加个体选择,对保育期间显现出遗传疾患的猪整窝剔除,对无遗传疾患的同窝仔猪根据个体表现,淘汰生长发育受阻、体质弱小的个体。

(3)4 月龄选择　猪 4 月龄时各组织器官已经有了一定的发育,优缺点开始呈现,此时主要根据体型外貌,生长发育情况,外生殖器官的好坏,乳头的数量、乳头大小及分布均匀度,肢蹄情况等进行选择,淘汰生长发育不良和有遗传缺陷的个体。

(4)6 月龄选择　主要考查性成熟的表现，外生殖器官的发育好坏以及肢蹄的发育情况，淘汰过肥、过瘦、发育不正常、不符合品种特征的个体。

(5)配种前选择　指后备公母猪在初配前进行最后一次挑选。淘汰个别生殖器官发育不良、性欲低下、精液品质差的后备公猪和发情周期无规律、发情症状不明显的后备母猪。

(二)后备种猪的合格标准

后备种猪的合格标准如表 3-1 所示。

表 3-1　后备种猪的合格标准

纯种公猪	纯种母猪	二元杂交种猪
(1)档案清楚无误 (2)育种值高的个体 (3)肢蹄结实、体型、毛色符合品种特征 (4)睾丸发育正常、左右对称 (5)无明显的包皮积尿 (6)无皮肤病，无明显肢蹄病 (7)无传染性疾病 (8)无应激综合征 (9)同窝无遗传疾患	(1)档案清楚无误 (2)育种值较高的优良个体 (3)体型、毛色等符合品种特征 (4)外阴大小及形状正常 (5)无内翻乳头和瞎乳头，有效乳头数在 7 对以上(含 7 对)，排列整齐 (6)无疝气，无皮肤病；无明显肢蹄病，无 O 形、X 形腿，不跛行，无明显的关节肿胀 (7)无传染性疾病 (8)无应激综合征 (9)同窝无遗传疾患	(1)档案清楚无误 (2)生长发育良好，调拨日龄在 105～115 d，体重在 50 kg 以上 (3)被毛光泽、皮肤红润 (4)外阴大小及形状正常 (5)无内翻乳头和瞎乳头，有效乳头数在 7 对以上(含 7 对)，排列整齐 (6)无疝气，无皮肤病；无明显肢蹄病，无 O 形、X 形腿，不跛行，无明显的关节肿胀 (7)无传染性疾病 (8)无应激综合征

图 3-1 显示了理想后备母猪的一些特征。

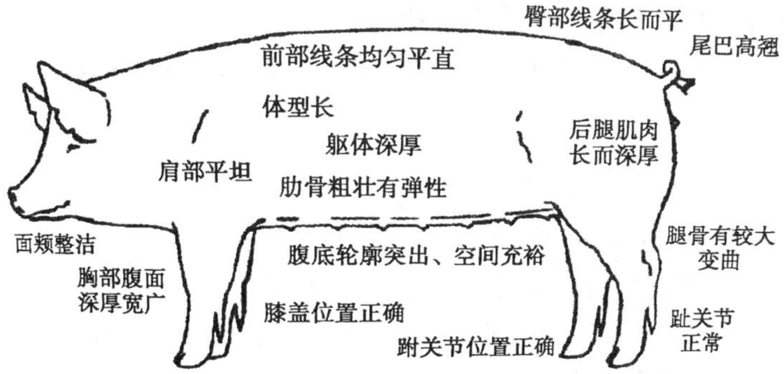

图 3-1　理想后备母猪的特征
(李长强，生猪标准化规模养殖技术，2013)

(三)引种前的准备

1.制订引种计划

根据实际情况，从建场规模、产品市场和未来发展方向等方面考虑，确定所引种猪的品种、数量和级别，制订切实可行的引种计划。

2.引种调查与检测

(1)引进纯种猪要求供种单位提供含有3代以内系谱、主要性状性能测定结果等资料的种猪合格证，保证血缘关系清晰；不能选用近亲繁殖、血缘不清的种猪，特别是选择纯种公猪，还应要求供方提供种猪生产性能和场内测定的数据，包括总产仔数、100 kg体重的背膘厚、达100 kg体重的日龄、测定期的日增重和料重比，以及相应的育种值综合选择指数。

(2)全面了解供种单位的猪群健康状况，查阅主要疫病的抗原、抗体检测资料，确保引进的种猪健康。同时还应了解供种单位的猪群的前期免疫档案和后续免疫程序。

(3)调查供种单位其他相关情况

①建场时间　猪场一般新建的时间越近，猪群健康安全程度越高；同时要考察供种单位是否曾经从非疫区引进种猪，如有引进则要弄清引进多少、引入后淘汰情况等。

②资质水平　正规种猪场都有种畜禽生产经营许可证和动物防疫合格证，并注明其所生产的种猪的代次、品种。资质水平因发证主管单位的级别不同而有差异。

③种猪性能　要了解所引进品种的繁殖性能、生产性能、适应性与市场反馈，到供种单位引过种的用户咨询。

④供种能力　要了解供种单位目前存栏生产母猪数量、存栏结构情况以及真实的可供种数量。

⑤供种单位生物安全　了解供种场是否远离人口与交通繁华的地带，能否确保种猪健康；供种猪场卫生消毒和防疫程序情况，以及各种规章制度的制定和具体落实情况，人员、车辆、饲料及环境是否消毒严格，防疫程序是否严密，最近6个月内的疫情情况，最近几年内是否发生过重大疫情，若发生有一类传染病及猪密螺旋体痢疾等疫情时停止调运。

⑥技术团队和技术水平　如果供种猪场连专业技术人员都没有，或者连专业育种员都没有，那么该猪场种猪水平值得怀疑，应慎重重新评估。

⑦售后服务能力　是否建立有完整的客户档案系统；能否提供售后相关技术的培训、技术资料和种猪质量问题上的补偿等诸多方面的服务。

(4)现场挑选拟引种的种猪进行抽血送检，最好做抗原检测，一般要求进行口蹄疫病、猪瘟、蓝耳病和伪狂犬病等重要疾病的检测。

(四)引种工作内容

(1)进猪前对空栏进行冲洗、消毒，空栏时间至少要达到7 d。消毒剂选用烧碱、过氧乙酸等。尽量做到整栋猪舍全进全出，空栏消毒时进行空气消毒。

(2)进猪前按照猪场猪舍设备检查表(参见附件二)，检查猪舍内各项设施设备是否正常运行，确定正常运行后才能安排进猪。

(3)进猪前做好物资、药品、饲料等计划申报，对猪舍、赶猪道和进入猪舍的物品物资进行采样，检测非洲猪瘟核酸。

(4)饲养后备猪的饲养员，在引种后，必须隔离在后备舍周边，14 d内不得进入其他生产区域或与其他生产人员有接触。

(5)引进后备猪必须完成非洲猪瘟抗原抗体检测，在不同种源情况下，还要对猪蓝耳病、猪伪狂犬病野毒抗体或猪传染性腹泻等病原进行检测。

(6)进猪前在出猪台对猪车进行全面严格消毒，赶猪人员分阶段赶猪，不得串岗。

(7)进猪后当餐喂少量料，第2餐喂正常料量的1/3，第3餐喂正常料量的2/3，第4餐可自由采食。

(8)冬季进猪要做好防寒保暖工作，进猪后3 d不要冲栏和冲洗猪身。

(9)根据猪群的健康状况，进行针对性的保健以提高猪群的抗病力。刚引进的后备猪在饲料或饮水中添加抗应激的药物。如维生素C、多维、电解质等。

(五)种猪运输

种猪运输注意事项如表3-2所示。

表3-2　种猪运输注意事项

序号	注意事项	内　容
1	车辆消毒	装运种猪要用自己专门的交通工具和用具进行运输。车辆在出发前和到达拉猪地点时都应充分清洗、彻底消毒。消毒可以用2%～3%的火碱溶液彻底冲洗，再用清水冲净(否则会烧伤猪只皮肤)。经当地畜禽检疫部门检查合格，办好一切必要手续再装车
2	铺撒垫料	车上要垫切短的稻草、锯末或沙土之类垫料，以防车内太滑、猪只咬伤，尽量减少应激和肢蹄的损伤
3	分群装车	视猪只大小合理分群装车
4	药物注射	上车前对于特别不安的猪可注射镇静剂
5	备足饮水	夏季还应准备充足的饮水，尽量不用西瓜、水果、蔬菜等解渴，因为可能会造成猪腹泻以及在饲喂时导致骚乱
6	备足药物	随车应带有常用药物及用具，以便在运输过程中发现异常情况时好及时处理
7	避开疫区	运输过程中尽量避免与偶蹄类动物接近，不从有疫情地区通过，防止感染疫病
8	注意观察	运输途中，押运员应经常观察种猪的健康状况，发现异常及时与当地畜禽检疫部门联系，按有关规定处理
9	防暑防寒	夏季注意防暑，冬季注意御寒

三、猪的常见杂交方式

杂交是指不同品种、品系或品群间的相互交配。杂种优势是指品种、品系或品群间杂交所产生的杂种后代，在生活力和生产性能等方面，一定程度上优于其亲本纯繁群体，即杂种后代性状的平均表型值超过杂交亲本性状的平均表型值的现象。

信息化拓展资源1：引种生产标准

1.二元杂交

二元杂交是指两个纯种猪间的杂交。利用杜洛克、长白、大白等优良瘦肉型猪进行二元杂交，生产杜长、杜大、长大、大长等二元杂交猪。其杂交方式如下：

杜洛克♂×长白(或大白)♀　　　长白(或大白)♂×大白(或长白)♀
↓　　　　　　　　　　　　　　↓
杜长(或杜大)　　　　　　　　　长大(或大长)

2.三元杂交

三元杂交是利用三个种群杂交。首先选用二个种群杂交，在获得F1代杂种后，从中选择出繁殖性能优良的F1代母猪个体，作为继续杂交的母本，将F1代杂种中的全部公猪和不符合留种的母猪作肉猪肥育。用选出的杂种母猪再与第三个种群的公猪交配，其所产生的三元杂种仔猪，无论公母，全部用作肉猪肥育。

（1）利用杜洛克、长白、大白等优良瘦肉型猪进行的杂交，生产杜长大、杜大长等三元杂交猪。其杂交方式如下：

长白（或大白）♂×大白（或长白）♀

↓

杜洛克♂×长大（或大长）♀

↓

杜长大（或杜大长）

（2）利用杜洛克、长白、大白等优良瘦肉型公猪与本地猪进行的杂交，生产杜长本、杜大本等三元杂交猪。其杂交方式如下：

长白（或大白）♂×本地♀

↓

杜洛克♂×长本（或大本）♀

↓

杜长本（或杜大本）

3.轮回杂交

在杂交过程中，逐代选留优秀的杂种母猪作母本，每代用组成亲本的各品种公猪轮流作父本的杂交方式。利用轮回杂交，可减少纯种公猪的饲养量，降低养猪成本，可利用各代杂种母猪的杂种优势来提高生产性能，因此不一定保留纯种母猪繁殖群，可不断保持各子代的杂种优势。常用的轮回杂交方法有两品种及三品种轮回杂交，托佩克猪四系配套轮回杂交。

祖代♂(TB系)×祖代♀(TA系)

↓

终端♂(TE系)× 父母代♀(T40系)

↓

托佩克商品猪

【思考题】

1.名词解释

LFY　初生个体重　PSY　断奶窝重　日增重　饲料转化率　MSY　屠宰率　眼肌面积　胴体瘦肉率　杂种优势　二元杂交　三元杂交

2.后备种猪的选择方法有哪些？

3.种猪引种前应做好哪些工作？

4.种猪运输应注意哪些事项？

二维码3　猪的引种与杂交方式思考题及答案

任务四　现代猪场的规划与设计

【思维导图】

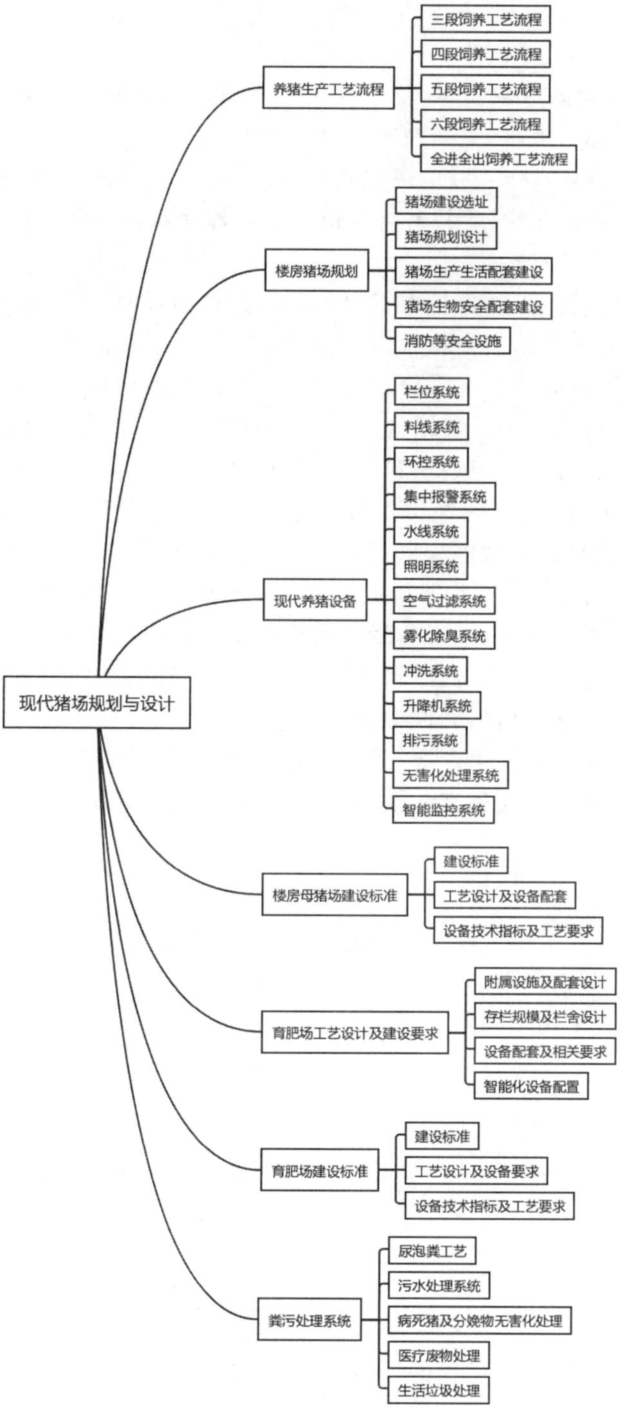

【工作目标】

1.实施科学养猪生产工艺,促进机械化、自动化、智能化猪场建设;

2.围绕非洲猪瘟等疫病防控,做好楼房猪场规划布局;

3.开发现代养猪设备,加速发展智能养猪,促进生猪产业转型升级;

4.规范现代猪场建设标准,实行种养结合,推动养猪业绿色发展。

【职业素养】

1.在生猪养殖提质增效的驱动下,推广自动化、信息化、物联网技术、智能化技术在生猪产业上的应用,实施乡村振兴战略,促进现代养猪业可持续发展;

2.践行湖南"三高四新"战略,打造现代猪场规划与设计科技创新高地;

3.具有爱岗敬业、精益求精、开拓创新和团结务实的劳动精神和工匠精神。

习近平总书记在党的二十大报告中指出:"树立大食物观,发展设施农业,构建多元化食物供给体系。"新时代树立并贯彻大食物观,发展设施农业,对于我们深刻把握现代农业发展规律和深化农业供给侧结构性改革具有重要指导意义。树立大食物观就是从更好满足人民美好生活需要出发,顺应人民群众食物消费结构变化,在确保粮食供给的同时,保障肉类等各类食物有效供给。党的十八大以来,在习近平新时代中国特色社会主义思想指导下,中国养猪业呈现出可喜发展局面。10 年来,养猪业经历了 2016 年环保整治,推倒了一批产能落后猪场,建设了一批自动化、智能化猪场,养猪生产水平从 10 年前每头母猪提供 14 头到 2021 年的 20 头商品猪;5 年来,我们经历了 2018 年非洲猪瘟疫情带来的影响,生猪产能出现 10 年新低,但在党领导下,生猪产能很快得到恢复;中国养猪业每年要出栏近 7 亿头生猪,以满足 14 亿多人口消费需要,要"牢牢守住十八亿亩耕地红线","确保中国人的饭碗牢牢端在自己手中",确保中国人把饭碗装上自己亲手种的粮食,确保中国人肉盘子盛满中国人自己生产的猪肉,我们不能再拿耕地换猪场,只好走现代养猪生产之路,只好走空间发展之路,这就是楼房养猪。据不完全统计,目前我国楼房猪场建设项目有 200 多个,楼房养猪正成为现代养猪的一种时尚。

一、养猪生产工艺流程

现代化养猪生产一般采用分段饲养、全进全出饲养工艺,猪场的饲养规模不同、技术水平不一,不同猪群的生理要求也不同,为了方便进行系统化的生产和管理,建设自动化、智能化猪场,提高生产效率,可以采用不同的饲养阶段,实施不同的养猪生产工艺流程(图 4-1)。

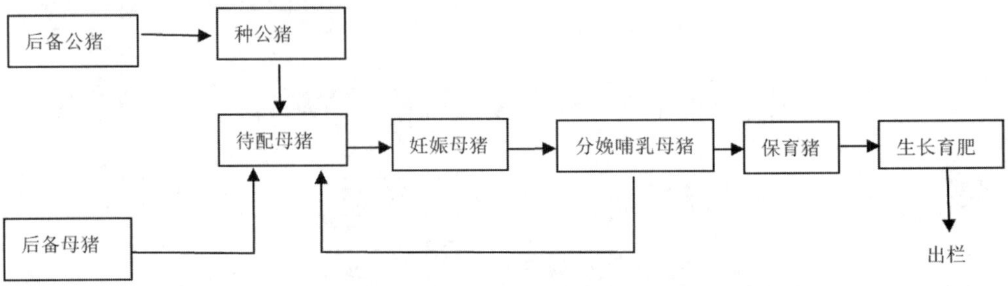

图 4-1 养猪生产工艺流程图

(一)三段饲养工艺流程

其工艺流程为:空怀及妊娠期→分娩哺乳期→生长肥育期。三段饲养生猪需 2 次转群,是比较简单的养猪生产工艺,它适用于规模较小的养猪企业,其特点是简单,转群次数少,猪舍类型少,节约维修费用。

(二)四段饲养工艺流程

其工艺流程为:空怀及妊娠期→分娩哺乳期→仔猪保育期→生长肥育期。四段饲养生猪需 3 次转群,保育期一般 5 周,猪的体重达 20 kg 左右,转入生长肥育舍。断奶仔猪比生长肥育猪对环境条件要求高,这样便于采取措施提高成活率。在生长肥育舍饲养 15～16 周,体重达 90～110 kg 出栏。目前楼房养猪常采用四段饲养工艺流程。

(三)五段饲养工艺流程

其工艺流程为:空怀配种期→妊娠期→分娩哺乳期→仔猪保育期→生长肥育期。五段饲养生猪需 4 次转群,与四段饲养工艺相比,是把空怀待配母猪和妊娠母猪分开,单独组群,有利于配种,提高繁殖率。空怀母猪配种后观察 21 d,确妊后转入妊娠舍饲养至产前 7 d 转入分娩哺乳舍。这种工艺的优点是断奶母猪复膘快、发情集中、便于发情鉴定,容易把握适时配种。

(四)六段饲养工艺流程

其工艺流程为:空怀配种期→妊娠期→分娩哺乳期→保育期→育成期→肥育期。

六段饲养生猪需 5 次转群,与五段饲养工艺相比,是将生长肥育期分成育成期和肥育期,各饲养 7～8 周。仔猪从出生到出栏经过哺乳、保育、育成、肥育四段。此工艺流程优点是可以最大限度地满足其生长发育的饲养营养,环境管理的不同需求,充分发挥其生长潜力,提高养猪效率。

(五)全进全出饲养工艺流程

大型规模化猪场要实行多点式养猪生产工艺及猪场布局,以场为单位实行全进全出,有利于防疫和管理,可以避免猪场过于集中给环境控制和废弃物处理等带来负担。

二、楼房猪场规划

(一)猪场建设选址

(1)土地属性　猪场选址必须为非禁养区,须符合国家政策要求和当地土地利用发展规划的使用要求;禁止建设在生活饮用水水源保护区、风景名胜区、自然保护区的核心区及缓冲区;禁止建设在城市和城镇居民区、包括文教科研区、医疗区、商业区、工业区、游览区等人口集中地区;禁止建设在县级人民政府依法划定的禁养区域;禁止建设在国家或地方法律、法规规定需特殊保护的其他区域;在禁建区域附近建设的,应设在禁建区域常年主导风向的下风向或侧风向处,场界与禁建区域边界的最小距离不得小于 500 m。

(2)地理位置　猪场选址一般须距离国道、省道等主要交通干线 500 m 以上,距离居民区 500 m 以上,离其他养殖场、屠宰场、无害化处理场和隔离场 3 000 m 以上。同时要求远离水源地、风景区，避免污染。养猪场产生的生猪粪便贮存设施的位置必须远离各类功能地表水体（距离不得小于 400 m），并应设在养殖场生产及生活管理区的常年主导风向的下风向或侧风向。

（3）地势地形　地势指所建场地的高低起伏状况；地形指场地的形状、大小、位置和地貌的情况；猪场地势地形要求开阔整齐，选择在地势较高、地形平坦、向阳背风的地方建造猪场。地下水位要低于建筑物地基 1 m 左右；山区建场要考虑是否会受洪水、泥石流、暴风雨等因素影响。

（4）充足面积　楼房猪舍最大的优点就是节约用地、提高土地利用率，但非洲猪瘟疫情发生以后，强化有效的生物安全措施，因此猪场选址面积应尽可能大一些。猪场占地面积最基本的依据是猪场的建设规模、发展规划、养殖模式、粪污处理模式以及配套设施等综合因素。为防疫安全提供更充裕的空间，同时也有利于各功能区的布局和增大每栋楼房猪舍之间的距离。

（5）土壤地质　楼房猪场的选址对地质条件的要求比较高，应作为主要的考察对象。应选择土层状态好、地基承载力高、抗震有利的地段，排除膨胀土、回填土等不适宜建造建筑物的不利因素，减少基础投资，节省建设成本，有利于猪舍结构的稳定和安全。对地质条件的考察应由专业的地质勘查机构提供科学的依据。另外，也有必要对土壤是否可能存在对人、猪健康构成危害的污染源或恶性传染病病原等情况做一定的调查。

（6）交通便利　猪场选址要交通方便，楼房猪场应明确进场干道（净道）和出场干道（污道），净道主运饲料等投入品，污道用于销售猪只和运输垃圾等废弃物，必须做到“一进一出”，以避免交叉感染。在符合生物安全的条件下，尽可能选择交通便利的场地。

（7）充足水源　猪场用水必须符合 4 个条件：全年均衡且充足的水量；符合饮用水卫生标准的水质；取用方便；便于净化和消毒处理。一般情况下水源有 3 种：居民饮用的自来水，猪场自行建设的深水水井、地表水（包括河水、水库的水等）。必须强调的是如果采用机井水，必须有 100 m 以上的深度，确保所采的水是地下水，如果使用地表水必须建设相配套的过滤、净化、消毒处理设施，确保水质达到饮用要求。

（8）稳定电力　楼房猪场是高度集约的规模养殖，其集约化、设施化、自动化、智能化程度高，因此，电力稳定充足的保障极其重要。在确保符合生物安全和防疫条件要求的前提下尽可能选择距主电源较近的地方，以减少电力投资和输变电费用。楼房猪场的用电量测算应充分考虑猪舍饲料自动输送饲喂系统、环境控制系统、升降机物资输送和流转系统、除臭系统、污水处理系统、病死猪处理等所有系统的用电需求，并预留一定的余量，以确保供电稳定和安全。楼房猪场还应配套与电力总需求相同功率的发电系统，确保限电、停电或故障时，自身发电可以保障猪场的正常生产，即楼房猪场必须有双电源系统，以保障正常的生产用电。

（9）环保要求　楼房猪场选址既要考虑楼房猪场对周边村镇、河流、农田、大气等的影响，还要考虑当地环境的承载能力和自身的环保处理能力及今后周边的发展可能会对猪场造成的影响，符合当地政府的环保要求，符合《农产品安全质量无公害猪肉产地环境要求》的规定；还应充分考虑猪粪和污水的处理工艺，满足处理工艺所需的空间、面积和位置，最好在场地周围有与规划发展的规模相配套的果园、林木等，实现粪污大部分或全部就地消耗。

（10）土方成本　确定猪场选址后，须核算平整土方成本及“三通一平”（即水通、电通、路通，平整地面）成本和时效。

（二）猪场规划设计

1.楼房养猪模式

鼓励在土地资源紧张及山区建设楼房猪场，推行新五丰“2612”南方楼房养猪模式：“2”表示为两点式养猪模式，即母猪繁殖区与商品猪育肥区严格独立分开；“6”表示单栋楼房存栏母猪原则上不超过 6 000 头，楼房 6 层楼，高度低于 24 m，其中第 1 层为 GDU(培育舍)和过渡暂存舍(保育舍)，第 2～6 层每层存栏 1 200 头母猪；“12”表示单栋育肥楼房 5 层共出栏 12 000 头，其中每层 2 个单元，每个单元存栏规模为 600 头，单栋育肥楼存栏 6 000 头，1 年出栏肥猪 2 批。

(1)新五丰某生态楼房养猪场一期总建筑面积 46 000 m^2，存栏母猪 7 200 头，设计为 GDU(培育舍)1 栋、暂存舍(保育舍)为 2 栋单独的单层猪舍。配种妊娠舍和分娩舍各 1 栋为 6 层楼房，楼房高度 22.50 m，1～5 层层高 3.8 m，6 层层高 3.5 m，妊娠舍和分娩舍设置连廊相接，每 1 层为单独一条生产线，可互不交叉；采用“母猪、保育、育肥各自单栋三点式”生产工艺模式，母猪、保育猪、育肥猪分别在各自单栋猪舍独立饲养，饲养母猪的楼房和饲养保育猪及饲养育肥猪间隔一定距离分点布置。该模式每栋楼房功能相对单一，单体面积相对占地面积少，容易布局，适合于可利用土地面积较小的、地形不是很平坦的山地。由于每栋猪舍饲养猪的阶段单一，有利于实现自动化，智能化。保育猪栋舍和育肥猪栋舍由于每层工艺布局一致，有利于结构设计，大大提高建筑面积的利用率，降低建筑成本，饲料品种单一，方便提升输送，相对投资少。同时也更方便核算单栋的生产成本和实施有效、准确的绩效管理措施。该模式可实现分阶段分点生产，有利于切断各阶段特定病原的垂直传播，但该模式生产过程中，不同阶段猪需要频繁地从一栋猪舍转移到另一栋猪舍，增加了生物安全风险和转猪成本(图 4-2)。

(2)新五丰某生态楼房养猪场二期总建筑面积 37 000 m^2，存栏母猪 6 000 头，在一期的基础上进行了优化布局。规划设计 2 栋 6 层楼房，楼房高度 22.50 m，配种妊娠楼第 1 层为暂存舍(保育舍)，2～6 层为配种妊娠舍。分娩楼第 1 层是 GDU(培育舍)，2～6 层为分娩舍，两栋楼房每层设置连廊，第 2～6 层每层也为单独一条生产线，可互不交叉。每栋舍每层楼都有单独的宿舍、人员物资通道等配套设施。采用“母猪＋保育、育肥分栋两点式”生产工艺模式，母猪和保育猪在同一栋楼房中饲养，育肥猪单独在一栋楼房中饲养的工艺模式，即母猪繁育阶段和保育阶段布局在一栋楼房中，育肥阶段布局在另一栋楼房中。两个生产阶段的楼房猪舍，在一定的距离分点布置。该模式与“母猪、保育、育肥各自单栋三点式”模式具有相同的特点，同时减少一道转猪环节，相对减少转猪成本和生物安全风险(图 4-3)。

图 4-2　新五丰新化久阳 7 200 头母猪楼房猪场

图 4-3　新五丰新化久阳 6 000 头母猪楼房猪场

2.猪场规划布局

(1)总体规划布局原则

①有利于生产流程的顺畅实施　按照生产流程的顺序性、连接性、单向流动性来布置猪

舍，达到有利于生产流转，有利于实施自动化和信息化管理，提高生产效率。

②有利于生物安全　楼房猪场猪群高度集中，饲养密度大，要保证正常的安全生产，必须将生物安全工作提高到首要位置。规划时还应考虑适应楼房养猪的生产模式，比如楼内自行组建核心群、闭锁繁育，自产后备母猪，不从外部引种，可大大减少外源疫病的风险等。

③有利于投入品的流转　猪场日常的饲料、猪及生产生活用品的运输量大，在楼房猪舍和道路布局上不但应考虑生产流程的内部联系和对外联系的连续性，尽量使运输路线方便、简捷、不重复、不迂回。同时考虑利于猪、料、人、物的上下楼转运和粪尿收集排放，病死猪转出和处理等。

④有利于场区小气候　楼房猪舍设计除臭净化装置，有利于环境保护，更重要的是确保楼房猪舍周边空气质量，以免未经处理的气体重新导入猪舍，造成空气质量的恶性循环。为进一步确保进入猪舍的空气质量，楼房猪舍还应规划设计空气净化设施，有利于猪群健康。

⑤有利于生态环保　根据政策要求、环境条件和养殖规模，合理安排粪污处理模式，规划布局相应的设施与建筑物，最大限度地发挥环保设施的作用，实现粪污有效治理或资源化利用，达到生态保护的要求。

(2)楼房猪场总体规划布局　楼房猪场的整体规划布局与常规传统的平层猪场相比，要将规划视野拓展到以楼房猪舍为核心，向外拓展 3 km 范围。因此，可以将整个猪场规划分为核心区、环保处理区、1 km 防疫区、3 km 缓冲区。猪场要实行严格的分区管控。依据生物安全风险等级，猪场通常可划分为红、橙、黄、绿四个等级，按照生物安全界限划分核心区对应为绿区，环保处理区为黄区，1 km 防疫区为橙区，3 km 缓冲区为红区，设一级至三级洗消点。新五丰某生态楼房养猪场年出栏 30 万头规划布局如图 4-4 所示。

①功能区　设置和规划要以有利于疫病防控、方便生产管理为原则，一般分为生产区、生产辅助区和办公生活区。办公生活区和生产辅助区要设在上风处地势较高位置，猪场四周设实体围墙，大门口设置值班室、洗浴更衣消毒室和车辆消毒通道。

②生产区　猪场的核心区，每栋楼房猪舍是猪场核心区的核心，主要布局生产人员进出的更衣间、淋浴间和消毒间，各类型猪舍猪栏及猪舍连廊，休息区(间)，物资静置储存区、兽医诊疗间、操作间、清洗房。布局区内道路、水塔、饲料输送系统、地沟、设备、管线、变压器等生产配套设施。

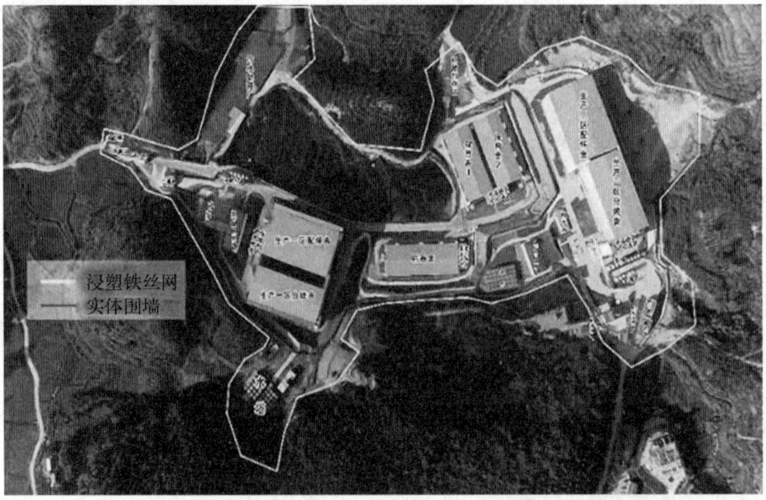

图 4-4　新五丰某生态楼房养猪场年出栏 30 万头规划布局图

③场内管理生活区 猪场围墙内部到核心区围墙的区域，主要布局场内门卫、进场前人员最后一道隔离、洗消更衣等设施，物资熏蒸消毒设施，场内管理、生活、休息、娱乐等设施。包括门卫、人员进场淋浴场所、物资进入熏蒸消毒通道、各类物资存储间、人员隔离宿舍、各类宿舍、办公室、会议室、餐厅、生活区、娱乐区域、洗衣房及周边空地等。

④环保处理区 环保处理区设在下风向地势较低区域，包括污水处理区、病死猪无害化处理区（集中储存区）、猪粪处理区（有机肥生产区或猪粪储存外运区）。

⑤1 km 防疫区 距离核心区的围墙至少 1 km，包括场外办公综合楼、中央厨房（统一给猪场供应熟食）、内部车辆洗消烘干房、物资洗消烘干房、食材消毒、检测实验室、进场人员隔离点等。

⑥3 km 防疫缓冲区 主要设置第一道防疫大门、车辆洗消区、物资洗消处理区、食材洗消处理区、人员第一次采样洗消隔离区、猪只销售区（中转装猪平台）、非洲猪瘟等烈性传染病检测实验室。饲料等投入品的运输车辆洗消区和烘干房应设置在进场道路方向，中转猪车的洗消区和烘干房以及猪只销售中转装猪平台应设置在出场道路方向。

3.建设要求

猪场建设须综合考虑生物安全及环保污水处理要求，严格按照图纸施工。猪舍粪沟要求雨污分离和混凝土现浇工艺，排污方式通常建议为“尿泡粪＋干清粪”。猪场要求有专用变压器，配备完善的配电房及备用发电机等。猪舍设计特点如下：

(1)结构设计 楼房采用“钢筋混凝土框架＋钢架结构”，相对传统砖混结构，具有结构牢固、使用寿命久、年均摊成本低的特点。

(2)节能保温设计 墙体和墙面均采用新型空心砖、厚实预制件的保温材料，其中屋面采用彩钢夹芯保温板，舍内隔墙采用新型保温墙体材料。

(3)温度控制设计 猪舍夏季采用湿帘、负压降温系统；冬季采用地暖升温，保证了猪舍冬温夏凉，空气优良。

(4)通风设计 夏季采用“降温湿帘＋风机”，水平直向通风；冬季采用顶部负压强制通风(图 4-5)。

(5)节水设计 地面采用全漏缝地板饲养，减少冲栏次数；饮水采用气压水位阀＋饮水碗，解决饮水浪费。

(6)清粪设计 猪舍粪便清理采用“全漏缝地板＋尿泡粪”工艺，粪尿由于重力作用沉入粪池。定期使用提钩拔出漏粪塞子，把粪尿混合体沿管路排入积粪池。

(7)粪污处理设计 积粪池的粪污通过固液分离，废水通过配套的污水处理站进行处理，达到农灌标准可用于厂区外围绿化及生态生物屏障用地浇灌、周边农业生产浇灌。达到综排一级设置排污口进行排放，也可经消毒杀菌后回收用于场内除臭使用。粪便可制成生态有机肥资源化利用(图 4-6)。

4.配套设施规划布局

(1)猪只和人员流向规划 猪场应区分净区和污区，生物安全级别高的区域为相对的净区，生物安全级别低的区域为相对的污区。在猪场的生物安全金字塔中，公猪舍、后备舍、配怀舍、分娩舍、保育舍、育肥舍和出猪台的生物安全等级依次降低。猪只和人员只能从生物安全级别高的地方到生物安全级别低的地方单向流动。净区和污区不能有直接交叉，严禁逆向流动，必须有明确的分界线，并清晰标识。

图 4-5 通风降温系统

图 4-6 粪污处理池

(2)进出场道路规划布局 进场道路(净道)和出场道路(污道)应互不交叉,出入口分开,不宜重复和迂回,至少在 1 km 防疫区范围内不重复,进场道路运输饲料、人员、物资等投入品,出场道路主要用于销售猪只、运输粪污、病猪和废弃设备等。1 km 防疫区以内的出场道路不宜或尽量不作为公共道路。

(3)要确保供水设施能保障猪场每天所需的生活、生产用水量和消防用水量,并保证其不受污染。场内设置良好的排水设施,并做到雨污分离。

(三)猪场生产生活配套建设

1.生产生活区配套设施

(1)办公综合楼人员配置 2 400 头母猪场 8 人、3 600 头母猪场 10 人、4 800 头母猪场 12 人、6 000 头母猪场 14 人、10 000 头母猪场 20 人、存栏 5 000 头育肥场 2 人、存栏 10 000 头育肥场 3 人。

(2)生产区员工宿舍数量 2 400 头母猪场 14 间、3 600 头母猪场 16 间、4 800 头母猪场 30 间、6 000 头母猪场 35 间、10 000 头母猪场分两栋共 60 间、5 000 头育肥场 2 间、10 000 头育肥场 4 间,单间宿舍面积不低于 20 m^2;宿舍配备独立卫生间、窗帘,安装空调、热水器、蹲便器等必要设施。

(3)厨房及餐厅 厨房需包含有储藏间和操作间,餐厅需包含集体餐厅和一个会客餐厅,配备电视机、空调,集体餐厅按人数配备就餐位。

(4)建设设备齐全的会议室、办公室、接待室、客房等:会议室配备电视机、空调、会议桌椅等设施;配备场长办公室及会客室各 1 间;客房按猪场规模配置 2~6 间,同员工宿舍相同标准。

(5)接入专线光纤网络,且确保整个生活区覆盖稳定快捷的无线信号。

(6)场区安装智能监控系统,确保场内外足够的摄像头数量。

(7)母猪场生活区建设标准篮球场、活动室,活动室配备电视机、空调及娱乐设施。

2.水电配套

(1)猪场用电负荷配置 2 400 头母猪场 350 kW、3 600 头母猪场 600 kW、4 800 头母猪场 800 kW、6 000 头母猪场为 1 000 kW、10 000 头母猪场 1 500 kW、5 000 头育肥场为 150 kW、10 000 头育肥场为 300 kW,15 000 头育肥场为 450 kW,20 000 头育肥场为 600 kW。母猪场配备保育舍的须额外增加用电容量。并按用电负荷架设场内专线变压器,需配备可靠的柴油发电机。

（2）猪场每天需水量　2 400 头母猪场 200 t、3 600 头母猪场 300 t、4 800 头母猪场 400 t、6 000 头母猪场为 600 t、10 000 头母猪场 800 t、5 000 头育肥场为 100 t、10 000 头育肥场 200 t，15 000 头育肥场为 300 t，20 000 头育肥场为 400 t。按猪场用水量需打水井 2 口以上并保证出水量（每天出水量需为猪场用水量的 1.5～2 倍及以上），须检测水质安全达标，建设存量 2 d 以上容量不锈钢水塔或高位水池（图 4-7）。

（3）电线电路、变压器及配电房等需严格按照标准设计走线，确保安全，并配备断电等异常报警系统。水管水线铺设需合理设计，标准施工，确保水质稳定，保证水压、水量充足。猪场生产生活区与污水处理区分开计费。

（四）猪场生物安全配套建设

（1）猪场生产区边界建设实体围墙，防止一切场外人员、车辆及野生动物等私自进入场区。严格划分多层生物安全管理区域，各区域能实行彻底隔离。

（2）场内生产区，进出猪通道，车辆人员进入口须配备高温高压清洗系统。规模场须建设车辆烘干房进行高温消毒。

（3）所有猪场须安装饲料中转塔及转运料线，确保散装料车不入场即可打料，育肥场可设计在围墙外打料（图 4-8）。

图 4-7　不锈钢水塔

图 4-8　饲料中转塔

（4）建设隔离舍，并配置单独的人、猪通道，严格规范生物安全防疫要求，所有赶猪通道要求密封，防雨水进入，防止鸟类等外围动物闯入。建设场外二次中转站，场外运猪车辆严禁进入生产区。

（5）规划设计完善的人、物、车、猪“四流”通道及走向。后备猪进入、仔猪售卖、淘汰猪出场、病死猪处理等通道及流向严格区分，不得交叉或有反方向流转。每个场必须至少有一条人员、物资等入场道路及大门和一条出猪出粪等的道路及大门，两条道路在场内不得交叉，且都配置有清洗消毒设施。

（6）规划设计完善的门卫及综合用房（行政生活区），设置人性化的隔离消毒设施和软硬件配套，确保人员进入生活区和生产区分别洗澡及更换全部衣物。建设物资消毒间和设施，确保所有入场物资隔离消毒。建设生产区休息室，确保生产区员工舒适的就餐和休息环境。建设相关配套用房，预留高温高压清洗主机房及监控等其余设施用房。建设化尸池及焚烧炉等病死猪处理设施。

（7）生活区及生产区洗消用房要求　人员进入猪场生活区必须经由猪场大门口洗澡消毒，所有物品须经熏蒸消毒方可进场，单独设置手机、钱包等随身物品的消毒处。生活区大门须建设行李寄存房、人员淋浴消毒间、门卫人员办公室、门卫宿舍、物资熏蒸消毒间。按猪场规模一般设计分男女两个人员洗消间及通道，面积一般不小于 40 m^2。从生活区进入生产区须建设人员淋浴消毒间，所有生产人员须洗澡更衣方可进入生产区，单独设置手机等随身物品的消毒处。生产区内须建设人员休息室、洗衣间、厕所等。

(8)猪场出猪台建设要求　分区设计，单向流动，分为净区、灰区、脏区，人和猪只只能从净区到脏区单向流动，不能逆向流动。坡度合适，一般不大于 20°。出猪台的冲洗污水不能回流到赶猪通道和猪舍内，从分区来讲，不能出现从脏区流向灰区、从灰区流向净区的情况。外围的地面需要硬化，有排水沟，便于冲洗消毒。推荐使用工厂制作的可升降调节的出猪台，安装简单，可以全方位清洗消毒，能适应各种高度的猪车(图 4-9)。

(9)车辆洗消烘干中心的建设标准　单个车辆清洗房：长 19 m，宽 6 m，高 5.5 m，清洗房门口宽度 4 m，高 4.5 m。设备房宽度 4 m，长度不低于 4 m。单个车辆烘干消毒房：长16 m，宽 5 m，高 5.5 m。烘干房门口的宽度 3.6 m，门高 4.5 m。设备房控制室长 3 m，宽 3 m。烘干主机设备水泥地面长 10 m，宽 3.5 m。室内与室外水平面有一定的高度差(20 cm)，方便污水排放。要求配置员工消毒室和司机消毒室(或建设两个淋浴间)和休息室。车辆进出道路，停车区等须为硬化水泥地面，污区和净区完全隔开(图 4-10)。

图 4-9　猪场出猪台

图 4-10　车辆洗消烘干房

(五)消防等安全设施

(1)猪场应设置消防水源。消防水源应由给水管网、天然水源或消防水池供给；猪场应合理设置室内消火栓或灭火器。

(2)生产用房、污水处理区建筑物必须坚固、安全；赶猪道等通道须平坦、畅顺，有足够的光线；为生产所设的坑、壕、池、走台、升降口等有危险的处所必须有安全设施和明显的安全警示标志。

(六)粪污处理工程

猪场污水为间歇排放，有高峰期的水量变化，污水处理工程应留有冗余空间，工艺参数需留有一定的安全系数，处理系统能够承受一定的负荷冲击。污水处理后必须符合国家及地方的《畜禽养殖业污染物排放标准》，建议按综合排放一级标准设计污水处理。

三、现代养猪设备

(一)栏位系统

栏位系统是猪场最基本、最重要的设备，在设备投资中占比 50%左右，包括公猪栏、活动栏、限位栏、产床、PVC 围栏、漏粪板、仔猪电热板、保温灯、食槽、大栏等设备。

(1)限位栏　按每栏饲养 1 头配种妊娠母猪设计，为单头猪栏位，限制了猪在栏位内转身，一般为镀锌钢管焊接，通常连排设计，母猪位规格为宽 0.62～0.65 m，长 2.2 m，高 1.1 m；地面为水泥漏粪板，使用通体食槽(图 4-11)。

(2)活动栏　按每栏饲养 3～4 头猪设计，猪在栏位内可活动转身，通常用作亚健康猪栏位。一般为镀锌钢管焊接，地面为水泥漏粪板，一般使用单独食槽。母猪位(后备猪)规格一般为长 2.2 m，宽 1.8～2.2 m，高 1.1 m；公猪栏规格一般为长 2.4 m，宽 2.4 m，高 1.3～1.4 m；栏门一侧开启。

(3)产床　分为欧式(图 4-12)、美式等形式。按每栏一头分娩母猪设计。欧式产床中间的母猪位为镀锌钢管焊接，采用独立食槽碗，地面为铸铁漏粪板；两侧小猪活动区地面为塑料漏粪板，四周采用 PVC 围栏，并配备有仔猪电热板、保温灯等。产床长 2.4 m×宽 1.8 m×高 0.5 m；母猪限位架长 2.2～2.4 m，宽 0.7 m，高 1 m。栏门一侧开启，后进后出。

图 4-11　母猪限位栏

图 4-12　欧式产床

(4)大栏　根据用途分为培育(育肥)、保育等种类，设计为群居猪只栏位，培育(育肥)大栏为镀锌钢材焊接，地面为水泥漏粪板，适合 30 kg 以上大猪使用。保育大栏通常为 PVC 围栏，地面为塑料漏粪板，并配备有仔猪电热板、保温灯等，适合 7～30 kg 小猪使用。一般都采用独立食槽，栏门一侧开启。

(二)料线系统

新五丰某母猪场存栏 7 200 头母猪配置的料塔(图 4-13)总容量为 411 t，其中中转料塔

图 4-13　楼房猪场料塔

5个，容量22 t/个，共计容量110 t，另加1个5 t小料塔（乳猪教槽料）；配种妊娠舍料塔6个，容量22 t/个，共计容量132 t；分娩舍主料塔6个，容量15 t/个，另加1个5 t小料塔（乳猪辅料），共计容量95 t；GDU（培育舍）料塔2个，容量12 t/个，共计容量24 t，另加2个过渡暂存舍（保育舍）小料塔，容量5 t/个，共计容量10 t；过渡暂存舍（保育舍）主料塔2个，容量15 t/个，另加1个5 t小料塔（乳猪辅料），共计容量35 t。新五丰某母猪场存栏6 000头母猪配置的料塔总容量为244.4 t，其中GDU舍配置4个（容量6 t的2个、容量14 t的2个）料塔，共计容量40 t；配种妊娠舍（2～6楼）配置5个的22 t料塔，共计容量110 t；分娩舍（2～6楼）配置5个的14 t料塔，1个4.4 t小料塔（乳猪教槽料），共计容量74.4 t；保育舍配置4个（容量6 t的2个、容量14 t的2个）料塔，共计容量40 t。料塔配置容量一般不小于7 d猪舍内使用量。

料线系统采用镀锌板料塔＋Φ 60热镀锌管＋尼龙链盘，通过机械传递将饲料传至每个栏位。根据饲料类型可分为干料线与液态料线2种料线系统。猪用链盘式喂料系统主要组成为供料系统、输料系统、下料口和控制器，如图4-14所示。

图4-14 猪用链盘式供料系统

1.液态料线

液态料线对饲养员的业务能力、设备的稳定性要求较高，对饲料的膨化比、水料比、流动性、定时饲喂等流程要求较严格，虽然产出的猪肉品质较高，但在国内的大型猪场使用比很低。

2.干料线

干料线因运输方便、长期储存等优点，在产能扩张、饲喂等方面更便捷，在国内现代化猪场使用比很高。

干料线系统包括镀锌板料塔、热镀锌管＋尼龙链盘送料系统、料位传感器、饲料调节箱、电机驱动系统、定量筒、PLC控制箱等。通过PLC控制箱发出指令，驱动热镀锌管中的尼龙链盘形成输送回路，通过主料线驱动把料塔中的饲料传递至舍内每个单元，再由支料线驱动输送至每个栏位。料位传感器、饲料调节箱、定量筒反馈信息至PLC控制箱精确定量。

控制猪场料线的PLC控制箱相当于人的大脑，PLC控制箱可以分档进行区域管理，均设有单独的程序和主板控制，各区域可实现自由更换饲料类型以及需要停用的单元输送等。PLC控制箱能整合猪场的全部料线，实现整个猪场料线的控制，主料线与支料线的合理设置能定时定量实现自动化饲喂，保证生猪养殖实行电脑控制，使现代化养猪更加智能、高效。

3.料线操作与注意事项

（1）料线操作面板（图4-15）

①电源报警指示：指示控制箱上通电情况与报警类型；

②行程到位指示：指示料线各行程限位开关状态；

③料线运行指示：指示主、副各料线启停状态；

④打料选择旋钮：各副料线打料选择；

⑤操作按钮:打料流程的启动、停止,行程限位开关的复位,与打料程序的复位重置。

(2)料线控制箱操作步骤

①检查报警:检查确认无报警指示,如有报警,及时处理消除;

②打料选择:正确选择需要打料的副料线与各料线的打料类型;

③启动:确认以上操作无误后,按下启动,开始自动打料流程(图 4-16);

④中途停止:运行过程中需要暂停料线,请按下“停止”按钮,再次按下“启动”,料线会继续停止前的状态运行;

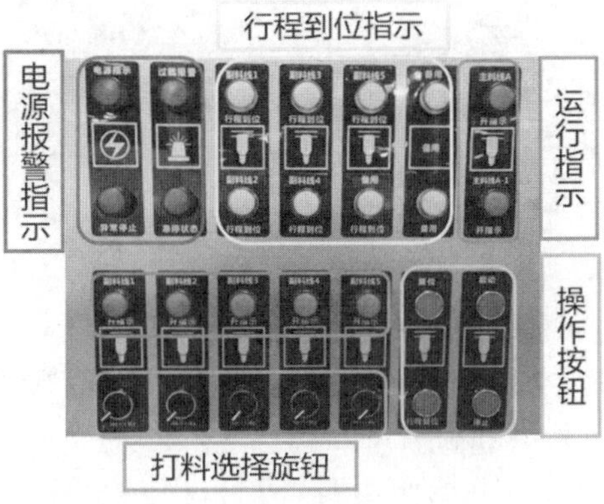

图 4-15　料线操作面板

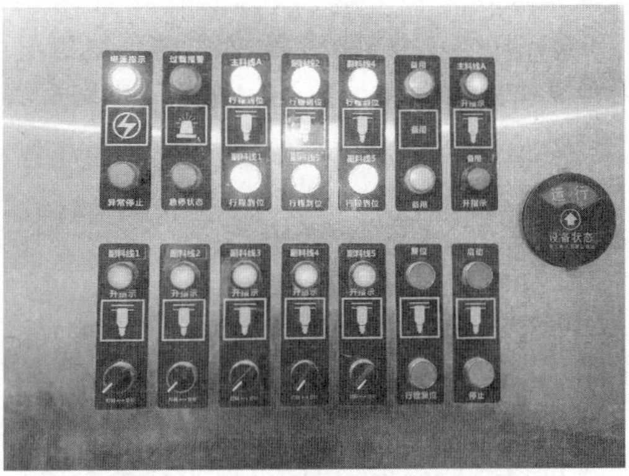

图 4-16　料线控制箱启动状态

⑤重置复位:若要打料流程从头开始,按下“复位”按钮 3 s 以上,整个程序重置,再次按下“启动”,流程重新开始;

⑥打料过程中发生故障时,应及时按下急停按钮,避免发生其他事故。

(3)料线控制箱使用注意事项

①料控箱的总漏电断路器在动力箱内,有标签标注,在养殖期间,必须保持此断路器处于闭合状态,出现漏电及过载跳闸时要及时检修;

②主控箱内的控制电源是所有控制回路的总电源,只有此开关闭合的前提下,所有交流接触器才有可能吸合;

③主控箱内散热风扇进风口过滤网每月按时清理,避免进风口堵塞影响散热效果;

④正常情况下务必每天巡查运行状况,并定期检查料线传感器、行程限位开关的状态,空栏后短期内不进行打料,请清空料线内余料;

⑤料控箱出现报警后,必须找到故障点,故障排除后方可启动。

(4)料线料位传感器(图 4-17)

工作原理　将传感器直接安装在料线末端的一个适当位置。如果最后一个自动喂料器被充满后,传感器位置感应到饲料,便被激活,驱动停止。当饲料被消耗掉后,传感器便释放,驱动器经过一段适当的延时后重

图 4-17　料位传感器

新接通，自动喂料器会再次被填满。

(5)干料线 DL6 定量筒

①DL6 定量筒定量 6 L 容量，可满足 1～2 次/d 落料的需要(图 4-18)；

②最小料量 1 L，保证生产需求；

③最小刻度 0.1 L，梭形调节指针紧贴刻度尺，减小人为操作的误差，计量更精确；

④抽拉式开关片开关严密；放料拉杆采用自伸直涂塑钢丝，延伸性低，避免首末两端提升高度不统一；

⑤自带信息卡片夹，方便悬挂母猪生产信息卡；

⑥合理的下料锥度，下料顺利不积料。

图 4-18　DL6 定量筒

(6)料线清料

①工作原理　将清料盘安装于塞盘料线，料线运动时，带动清料盘一起运动，清料盘紧贴料管内壁运动，从而将料管及转角里的积料带走，达到清理料管的目的；

②在料线安装完毕以后，将清料盘安装于链盘上，当料线使用时，清料盘随着料线一起运动，可以实现随时清料，避免饲料在转角料管里长时间残留而发霉；每 15 d 需进行一次完全清料，方法如下：打料前将料塔开关片关闭，启动料线运转 5～6 min，直至猪舍里的饲喂器不再下料；

③当料线长时间不使用时需要彻底清理料管、转角及驱动箱里的饲料，方法如下：关闭料塔开关片，打开最后的 2～3 个喂料器的下料口，启动料线运转 5～10 min，将料管里的存料从开启的 2～3 个喂料器的下料口处打出；

④当料线安装清料盘后，打料速度会有一定程度的加快，需要将料塔开关片或调节箱的出口适当进行调整。

(三)环控系统

环控系统以猪场环控器为中枢遥控，设备包括 BH8600 环控器(图 4-19)、水槽湿帘、风机、滑帘、卷幕帘、进风窗等。BH8600 环控器具有多种功能(表 4-1)，日常使用操作包括修改温度，设置风机、水泵、进风窗等。如猪舍通风是通过环控系统集中控制，根据设置的目标温度、通风等级等参数，以实际室温为调节依据，调控湿帘水泵、风机、滑帘、幕帘、进风窗的启动和关闭对猪舍进行环境控制，可通过手动与自动调整两种方法操作。

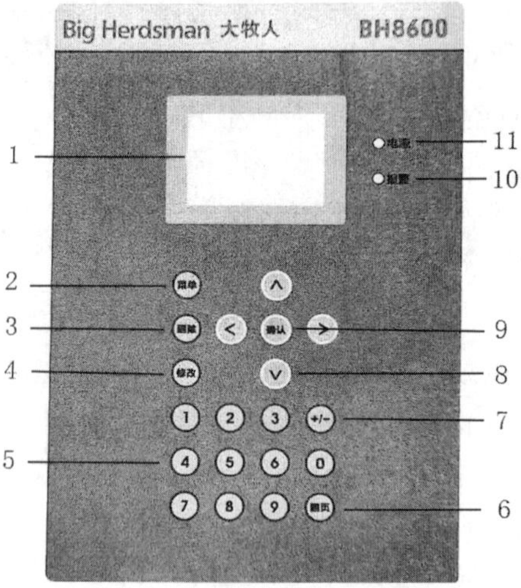

图 4-19　BH8600 环控器面板

表 4-1　BH8600 环控器操作面板功能表

序号	名称	功能
1	显示屏	3.5 寸液晶显示屏
2	菜单	切换菜单功能
3	删除	删除错误的输入
4	修改	参数修改功能
5	数字	输入数字或者数字选项，也作快捷键使用
6	翻页	多行界面下翻页功能
7	正负	输入数字的正负
8	方向	上下换行、左右换列，左右也可作为功能选择使用
9	确定	方向选择或修改完毕需确定键确认
10	报警灯	红色报警指示灯
11	电源灯	绿色电源指示灯

1.BH8600 环控器操作与设置

设置正确的日常使用参数，完成 BH8600 环控器的菜单设置后，再进行控制箱操作。菜单设置如表 4-2 所示。

表 4-2　菜单设置

控制	设备	管理	历史	校准	安装	测试
温度曲线	通风级别	动物数量	温度	温度校准	继电器功能选择	继电器测试
最大最小	调速级别	动物日龄	湿度	湿度校准	温度传感器数量	模拟量输出测试
湿度控制	进风级别	报警设定	用水	水料校准	模拟输入功能选择	模拟量输入测试
CO_2 控制	地沟风机	报警重置	用料	CO_2 校准	数字输入功能选择	外设状态查询
NH_3 控制	湿帘水泵	软件版本	死亡	NH_3 校准	模拟输出功能选择	清除历史记录
系统参数	喷雾喷淋	配置读取	加热	小窗校准	温度功能选择	
控制模式	加热设备	配置写入	报警	幕帘校准	进风口设置	
	照明设备	系统配置	事件	卷帘校准	风机风量设置	
	料线设备	出厂设置			调速风机设置	
	额外系统					
	定时器					

(1)控制设置

①按菜单-1 控制-1 温度曲线(高低温报警在此界面按“→”查看)——修改目标、纵向温度、高、低温报警温度。后备舍、分娩舍温度曲线设定如表 4-3、表 4-4 所示。

表 4-3 后备舍温度曲线设定

日龄/d	1	2	3	4	5	6	7	8	9	10	11
目标温度/℃	27.5	27	26.4	25.8	25.2	24.6	24	23.4	22.8	22.4	22
日龄/d	12	13	14	15	16	17	18	19	20	21	22
目标温度/℃	21.6	21.4	21.2	20.8	20.4	20	19.6	19.2	18.8	18.4	18

表 4-4 分娩舍温度曲线设定

日龄/d	1	2	3	4	5	6	7	8	9	10	11
目标温度/℃	24	24	24	23.5	23.5	23	23	22.5	22.5	22	22
日龄/d	12	13	14	15	16	17	18	19	20	21	22
目标温度/℃	21.5	21.5	21	21	21	21	21	21	21	21	21

②按菜单-1 控制-2 最大最小——限制冬季通风，降低最大通风级别。通风的设置示例如表 4-5 所示。通风量气体流量单位常用英制流量单位 cfm 表示，即为 1 立方英尺/min；我国一般用 m^3/h 单位表示。两者换算公式为 1 cfm≈1.7 m^3/h，1 m^3/h≈0.589 立方英尺/min。

表 4-5 通风设置

通风等级	风机开启数量			总通风量	母猪头数	cfm/头	温度设置			屋顶小窗开启比例/%	侧墙进风窗开启比例/%	湿帘开启温度/℃
	24 寸	36 寸	51 寸				启动稳定/℃	停止温度/℃	与目标相差/℃			
最小通风	1	0	0	6 100	56	109	<24			24		26
一级通风	2	0	0	12 200	56	218	24.5	24	0.5	49		26
二级通风	2	0	1	35 200	56	629	25	24.5	1	49	45	26
三级通风	2	0	2	58 200	56	1 039	26	25	2	0	75	26
四级通风	2	1	2	68 000	56	1 214	27	26	3	0	87	26
五级通风	2	2	2	77 800	56	1 389	28	27	4	0	100	26

③按菜单-1 控制-6 系统参数——系统设置通风参数包括：幸福区域（舍内温度稳定的范围）；增加、降低延迟（通风级别上升或者下降所需要的延迟时间）；纵向开始（到达纵向温度才能进入的通风级别）；调速安全（调速风机的最小安全转速设置）。

（2）设备设置

①按菜单-2 设备-1 通风级别——设置定速风机：在对应级别上设置定速风机是否启用、运行模式（同心圆为循环启动；实心圆为持续运行）、循环运行模式的开闭时间。

②按菜单-2 设备-2 调速级别——设置调速风机：在对应级别上设置调速风机是否启用、运行模式，开闭时间与同级别定速风机共用。（1M 为调速风机运行模式；1V 为调速风机运行转速）。

③按菜单-2 设备-3 进风级别——小窗、幕帘风机进风设备设置：在对应级别上设置小窗等进风设备的开度。

④菜单-2 设备-5 湿布水泵——水泵设置：设置水泵启动温差（温差相较于纵向温度）、工

作时间区域、循环启动的开闭时间。

(3)其他设置(管理、历史校准等)

①按菜单-3 管理-2 动物日龄(设定饲养动物的饲养天数)。

②按菜单-5 校准-1 温度校准(温度探头异常时设定探头校准值,校准值可设置正负,校准后平均温度=探头实际检测值+校准温差)。

③按菜单-5 校准-6、7、8 小窗、卷幕帘校准(设置小窗校准时间与频率,校准时风机全部停止,校准完成后风机恢复启动)。

(4)快捷功能使用

①主界面按"1""2"——1 为返回主界面,2 为查看各探头检测实时温度。

②主界面按"3""4"——3 为查看当前湿度、CO_2、NH_3 浓度信息,4 为查看通风级别等系统目标值。

③主界面按"5""6"——5 为查看小窗等进风设备当前开度,6 为查看当前报警类型。

④主界面按"7""8"——7 为查看当前调速风机运行转速,8 为查看当前继电器运行状态。

2.猪只对环境的需求

(1)不同阶段猪只对空气质量的要求如表 4-6 所示。

表 4-6　不同阶段猪只对空气质量的要求

猪群类别	NH_3/(mg/m³)	H_2S/(mg/m³)	CO_2/%	细菌总数/(万个/m³)	粉尘/(mg/m³)
公猪	25	10	0.2	≤6	≤1.5
成年母猪	25	10	0.2	≤6	≤1.5
哺乳母猪	15	10	0.2	≤6	≤1.5
哺乳仔猪	15	10	0.2	≤6	≤1.5
培育猪	25	10	0.2	≤6	≤1.5
育肥猪	25	10	0.2	≤6	≤1.5
猪舍空气环境质量指标应符合 GB/T 18407《农产品安全质量无公害畜禽肉产地环境要求》的规定					

说明:实际要求妊娠舍 NH_3 浓度不超过 20 mg/kg,分娩舍 NH_3 浓度不超过 13.18 mg/kg。

(2)不同阶段猪只对空气温度和湿度的要求如表 4-7 所示。

表 4-7　不同阶段猪只对空气温度和湿度的要求

猪群	日龄	体重/kg	适宜温度/℃	临界高温/℃	临界低温/℃	适宜湿度/%
哺乳仔猪	出生当天	1.5	35～32	37	30	60～70
	1～3	1.5～2	32～30		30	
	4～7	2～2.5	30～28		28	
	8～13	2.5～4.5	28～25		23	
	14～25	4.5～7.5	25～23		23	

续表4-7

猪群	日龄	体重/kg	适宜温度/℃	临界高温/℃	临界低温/℃	适宜湿度/%
保育仔猪	25～35	7.5～9.5	28～25	30	20	
	36～63	9.5～25	25～23	30	18	
生长猪	10～16 周龄	25～65	23～20	27	18	
育肥猪/后备猪	17 周～出栏	65～130	20～18	27	13	
公猪			18～15	25		60～80
妊娠/空怀母猪			20～18	27	10	
哺乳母猪			20～18			

说明：猪只适宜温度计算公式为 $T=-0.06W+26$，如 50 kg 猪只的适宜温度 $T=-0.06\times50+26=23$(℃)

(3)不同阶段猪只对通风量的要求如表 4-8 所示。

表 4-8 不同阶段猪只对通风量的要求

周龄/w	体重/kg	冬季			夏季			
		cfm/头	m^3/(h/头)	风速(m/s)	cfm/头	m^3/(h/头)	风速(m/s)	空气交换/s
4～7	6～14	2	3.4	0.15	25	43	0.6～0.9	40
8～11	14～34	3	5.1	0.15	35	60	0.9	35～40
12～19	34～68	7	12	0.15	75	128	1.5	30～45
20～29	68～113	10	17	0.2	120	204	1.5	30～45
妊娠母猪		12	20	0.2	300	510	1.5	30～45
哺乳母猪		20	34	0.15	500	850	0.6～0.9	30～45

3.夏季通风制冷模式

(1)采用风机+湿帘降温，设置通风级别、使用横向/纵向隧道通风模式、GDU(培育舍)、配种妊娠舍、分娩舍和保育舍可以设置温度曲线、移除舍内过多的热量和水蒸气、使舍内降温冷却效果最大化。水槽湿帘端过水降温进风，经过幕帘、滑帘窗洞，由风机端抽排出风。如果舍内温度未达到预定目标值，则由 BH8600 环控器自动发出指令，通过增减湿帘过水量、增减风机工作数量与频率，以调控舍内温度。

(2)湿帘使用与注意事项

湿帘系统采用的湿帘纸为特制原浆纸，由波纹状的纤维纸黏结而成，通过在造纸原材料中添加特殊的化学成分、特殊的后期工艺处理，因而具有耐腐蚀的特点。设计上具有一定角度的波纹状纤维结构，可为空气和水的热交换提供足够大的表面积，并能够净化外部进入的空气，具有一定的自然过滤器性能(图 4-20)。

图 4-20 湿帘系统

①湿帘使用

Ⅰ.使用前的准备和检查　使用前将深水槽中的污水排空，注入清洁的水，检查电源是否开通；

Ⅱ.湿帘操作　点动电源开关，开启湿帘。供水应使湿帘均匀湿透，有细细的水流沿湿帘波纹向下流。可通过调节供水阀控制水量。新湿帘纸由于表面光滑，所以跟旧湿帘纸比起来不容易浸湿。鉴于此，当湿帘降温系统初次启动时，需让水泵连续运转1～2 d，以便浸透湿帘纸，方便以后可以快速启动湿帘系统。这1～2 d的时间被称为"磨合期"。在磨合期末期需仔细检查湿帘纸，如果发现未被湿透的干条纹，则表明无法均匀浸湿湿帘纸，此时需清洗进水管。

②使用注意事项

Ⅰ.湿帘水泵通电运行时，注意安全。水泵潮湿时，在通电状况下请勿触摸。泵使用过程，请勿使用水池中的水，人畜切勿接触水面，以免造成伤害；

Ⅱ.正常情况下务必每天巡查运行状况，并定期检查水泵是否正常运作、补水流量是否满足要求，湿帘纸表面是否有杂质附着等；

Ⅲ.定期更换水池、水箱或水槽中的水，保持清洁。

③湿帘维护与保养

Ⅰ.保持水源清洁　水的酸碱度pH在6～9之间，电导率小于1 000 μΩ。随着水的不断蒸发，而新水不断地补充，在水循环过程中，盐分和矿物质残留下来。为减少形成沉淀和水垢，需要每周(空气湿度低于20%的地区每2～3 d)打开排污阀排出循环过的水，再注入新鲜的水，建议在一般运转情况下的排水率应该不少于蒸发后剩余水量的20%；

Ⅱ.定期冲刷　深水槽、循环水系统、水泵过滤杯保证供水清洁(通常每周冲刷1次)，保持所供水质良好，阻止湿帘表面藻类或其他微生物滋生，短时处理可向水中投放3～5 ppm氯或溴，连续处理时浓度为1 mg/kg；

Ⅲ.湿帘晾干　水泵停止30 min后再关停风机，保证彻底晾干湿帘。系统停止运行后，检查水槽中积水是否排空，避免湿帘底部长期浸在水中；

Ⅳ.湿帘清理　清除湿帘表面的水垢和藻类物。彻底晾干湿帘后，用软毛刷上下轻刷，避免横刷(可先刷一部分，检验一下该湿帘是否经得起刷)。然后只启动供水系统，冲洗湿帘表面的水垢和藻类物(避免用蒸汽或高压水冲洗湿帘)；

Ⅴ.喷水管清理　打开两端的球阀，用一根约为Φ 25 mm的橡皮软管插入，另一端接自来水，冲洗即可。

(3)湿帘水泵操作与注意事项

①湿帘水泵操作面板(图4-21)

Ⅰ.电源与指示　指示控制箱上通电情况；

Ⅱ.水泵开指示　指示水泵电机打到开启状态；

Ⅲ.启停旋钮　根据需要进行自动控制开启与关闭。

图4-21　湿帘水泵操作面板

②使用注意事项

Ⅰ.水泵用控制箱的任何维修与改动，应由专业人员切断电操作，切勿私自改线或接入其他用电设备；

Ⅱ.正常情况下务必每天巡查运行状况，并定期检查水泵电机接线是否有损伤、导线压接是否牢靠、接线端子是否变色、导线外层是否破损态；

Ⅲ.控制箱水泵面板旋钮启停，检查每台水泵是否正常开启与关闭；

Ⅳ.水泵护理　使用过程中，过滤篮需要定期清洗。水泵若长时间不用，应放空水泵内的水并把自吸泵统一拆除放置。放置前应使用清水清理过滤篮，保证过滤篮的每个空隙都是清洁的。使用自吸泵前，确保水泵注满水。任何情况下，不可以让水泵在无水的情况下空转，不可以让水泵发生浸水，防止直接长时间喷淋水。

(4)卷幕帘操作

①卷幕帘操作面板(图 4-22)

Ⅰ.电源与指示　指示控制箱上通电情况；

Ⅱ.卷幕帘开指示　指示卷幕帘运行开启状态；

Ⅲ.卷幕帘关指示　指示卷幕帘运行关闭状态；

Ⅳ.自动控制选择　根据需要进行自动控制开启与关闭；

Ⅴ.手动控制选择　自动模式下手动控制启停。

②操作步骤

Ⅰ.检查报警　检查确认无报警指示，如有报警，及时处理消除；

Ⅱ.幕帘选择　正确选择需要开启的卷幕帘；

Ⅲ.启动　确认以上操作无误后，将“模式”旋钮拨到手动状态，再将“开关”旋钮拨到开启状态，卷幕帘开始运行；

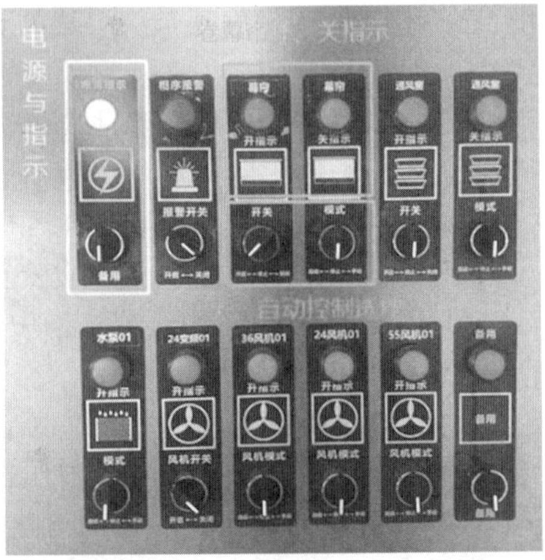

图 4-22　卷幕帘操作面板

Ⅳ.中途停止　运行过程中需要暂停，请将“开关”旋钮拨到停止状态，再次拨到开启状态，卷幕帘会继续停止前的状态运行。

(5)滑帘操作与注意事项

①滑帘使用与操作面板(图 4-23)

Ⅰ.电源与指示　指示控制箱上通电情况；

Ⅱ.滑帘开、关指示　指示滑帘电机运行开启和关闭状态；

Ⅲ.自动控制　将控制箱旋钮旋转到“自动”，此时该系统便根据环境控制器所发出的指令进行开启关闭以及调整开度大小的一系列动作，此时不可通过机械部分调整滑帘系统，会出现“乱行程”的问题；

Ⅳ.手动控制　自动模式下手动启停滑帘电机。根据通风需要用绞车把滑帘开启至合适大小；

Ⅴ.电机控制　按下绿色按钮并保持，滑帘将持续开启，直到理想位置，松开，自动停止。在此过程中随时松开绿色按钮，滑帘便停在当前位置。

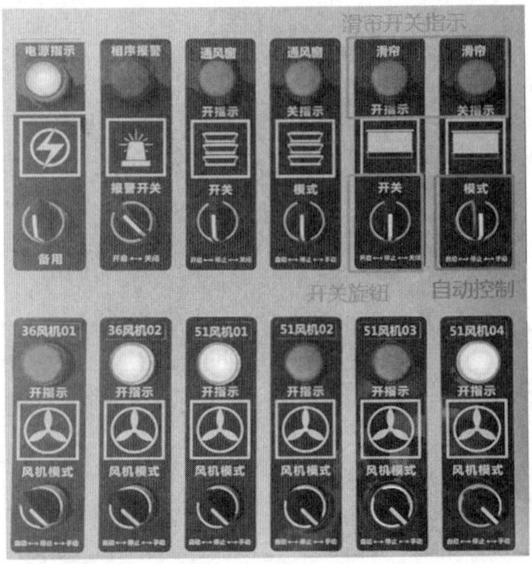

图 4-23　滑帘使用与操作面板

②使用注意事项

Ⅰ.控制箱的任何维修与改动，应由专业人员且断电操作，切勿私自改线或接入其他用电设备；

Ⅱ.正常情况下务必每天巡查运行状况，并定期检查滑帘电机接线是否有损伤、导线压接是否牢靠、接线端子是否变色、导线外层是否破损态；

Ⅲ.滑帘面板旋钮启停，检查滑帘电机是否正常开启与关闭。

③滑帘维护与保养

Ⅰ.电动卷扬器的受力不能超过荷载，严禁在滑帘板上悬挂其他重物，如果荷载过大，可能造成卷扬器烧坏，输出轴扭断，轴承磨损严重，或钢丝绳崩断等情况；

Ⅱ.如果滑帘 PVC 板出现卡死、卡顿的情况，应及时检查原因，调整设备(如调整滑轨的间隙等方法)，避免类似情况的发生；

Ⅲ.长时间的使用，钢丝绳会发生一定的伸长，滑板运行的位置会发生变化，可能会损坏设备，此时应重新调整钢丝绳的夹紧位置，调试设备的行程；

Ⅳ.应经常检查吊点滑轮的使用状况，如有影响使用的不良情况，请及时反馈维修；

Ⅴ.应经常查看钢丝绳的使用情况，发现打结、缠绕、磨损严重等情况，及时停用设备，维修更换后再继续使用；

Ⅵ.滑帘在使用过程中，如果出现异常响声，建议先暂时停止滑帘运转，在响声发出的附近部位排查原因，待确定无问题或不影响使用后，再继续使用。

(6)风机(玻璃钢拢风筒)操作与使用注意事项

①风机操作面板(图 4-24)

Ⅰ.电源与指示　指示控制箱上通电情况；

Ⅱ.风机开、关指示　指示风机运行开启和关闭状态；

Ⅲ.自动控制选择　根据需要进行自动控制开启与关闭。

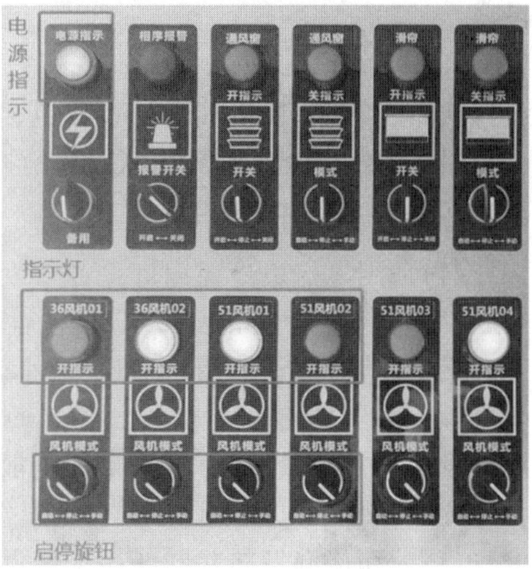

图 4-24　风机操作面板

②使用注意事项

Ⅰ.电动机在接线前，先检查控制电路、保护电路是否正常，熔断器选用是否合适，各控制电器之间的连线接点是否牢固；如正常，接好电机电源试运行，并检测其工作电流是否正常；如电流过大，应停机检查；并观察扇叶是否碰撞风机外壳，若有此情形，应立即予以调整；

Ⅱ.如带上负载后，电机不转或转速很低，或有异常声，应立即断电，如通电时间稍长，极有可能烧毁电机绕组，甚至损坏控制电路及损毁设备。一般这类状况，机械原因为负载过重或卡死，电器原因为断相运行。这时应仔细检查故障原因，待排除故障后才能重新试运行；

Ⅲ.风机在运行过程中发现有异常声音、电机严重发热、外壳带电、开关跳闸、不能启动等现象，应立即停机检查。为了保证安全，不允许在风机运行中进行维修，检修后应进行试运转 5 min 左右，确认无异常现象再开机运转；

Ⅳ.通常电机启动电流是运行电流的 5～7 倍，在启动电机时，连续启动的次数要控制在 3 次以内，避免过大的启动电流产生的高温积累烧坏电机绕组绝缘；

Ⅴ.严禁频繁启停或部分遮挡使用，不能用于寒冷地区冬季间断通风用；

Ⅵ.冬季或半年以上不使用时，应清理保洁；长期搁置以后再使用时，要对风机进行全面检查，查看电器部分是否工作正常，元件是否有损坏等现象，清理扇叶片灰尘，确定风机各部分正常后方可使用。

(7)多层百叶窗操作与使用注意事项

①多层百叶窗操作面板(图 4-25)

Ⅰ.电源与指示　指示控制箱上通电情况；

Ⅱ.多层百叶窗开指示　指示多层百叶窗运行开启状态；

Ⅲ.多层百叶窗关指示　指示多层百叶窗运行关闭状态；

Ⅳ.自动控制选择　根据需要进行自动控制开启与关闭；

Ⅴ.手动启停选择　自动模式下手动启停多层百叶窗。

图 4-25　多层百叶窗结构

②使用注意事项

Ⅰ.控制箱的任何维修与改动，应由专业人员且断电操作，切勿私自改线或接入其他用电设备；

Ⅱ.正常情况下务必每天巡查运行状况，并定期检查多层百叶窗电机接线是否有损伤、导线压接是否牢靠、接线端子是否变色、导线外层是否破损态；

Ⅲ.多层百叶窗面板旋钮启停，检查多层百叶窗电机是否正常开启与关闭。

4.冬季通风制热模式

(1)采用电热板＋保温灯＋粪槽发酵＋进风窗采暖，设置最小通风、使用上通风模式、分娩舍和 GDU 可以设置温度曲线、维持舍内空气质量和相对湿度、控制舍内热损耗最小化。使用卷幕帘关闭，滑帘也关闭，在风机端小风机工作情况下，通过顶部进风窗进行负压通风。新五丰某生态养猪场猪舍内冬季温度能保持恒温，主要是配怀舍因粪槽的粪污一般不可能排完，长期有发酵释放热量，且通过适量通风散发 NH_3、H_2S、CO_2 与热量；培育舍(GDU)、分娩舍与保育舍安装有仔猪电热板、保温灯升温，冬季通风为负压通风，风量较小，通常舍内温度在粪槽发酵、电热板和保温灯的共同作用下升温。

(2)设置和计算最小通风

①每个循环风机开启时间＝每分钟猪只通风需求量/(对应风机通风量×设置功率)×循环时间；

②实际使用中可以通过调低风机的功率，从而延长每个循环风机开启时间，使舍内的空气流动和温度分布更加均匀。最小通风设置如表 4-9 所示。

例 1：后备猪舍 1 个单元有 4～7 周龄猪只 350 头，猪只每分钟最小通风量＝350×2＝700(cfm)；

1 单元配套的 18 寸风机每分钟能提供 4 100 cfm，设置 60％功率，每分钟提供 4 100×60％＝2 460(cfm)。

18 寸风机每分钟需要开启的时间＝猪只每分钟最小通风量/风机每分钟提供通风量×60＝700/2 460×60＝17(s)。

设置 3 min 循环，则 18 寸风机开启时间＝17×3＝51(s)，关闭时间＝180－51＝129(s)。

可调整为：开启时间＝60 s，关闭时间＝120 s。

表 4-9　最小通风设置

栋舍	猪只数/头	cfm/头	需要通风量/cfm	最小风机型号/寸	最小风机通风量/cfm	最小风机数量/台	18 寸风机功率/%	计算开/关时间	调整开/关时间
分娩舍（产完）	52 600	20 1	1 640	18	4 100	1	60	开 45 s 关 135 s	开 60 s 关 120 s
4～7 周	350	2	700	18	4 100	1	60	开 51 s,关 129 s	开 60 s,关 120 s

例 2:分娩舍 1 个单元有猪只 600 头,猪只每分钟最小通风量=600×1=600(cfm);

分娩舍配套的 18 寸风机每分钟能提供 4 100 cfm,设置 60%功率,每分钟提供 4 100×60%=2 460(cfm)。

18 寸风机每分钟需要开启的时间=猪只每分钟最小通风量/风机每分钟提供通风量×60=600/2 460×60=15(s)。

设置 3 min 循环,则 18 风机开启时间=15×3=45(s),关闭时间=180−45=135(s)。

可调整为:开启时间=60 s,关闭时间=120 s。

(3)吊顶小窗操作与注意事项

①吊顶小窗操作面板(图 4-26)

Ⅰ.电源与指示　指示控制箱上通电情况;

Ⅱ.吊顶小窗开指示　指示吊顶小窗运行开启状态;

Ⅲ.吊顶小窗关指示　指示吊顶小窗运行关闭状态;

Ⅳ.自动控制选择　根据需要进行自动控制开启与关闭。

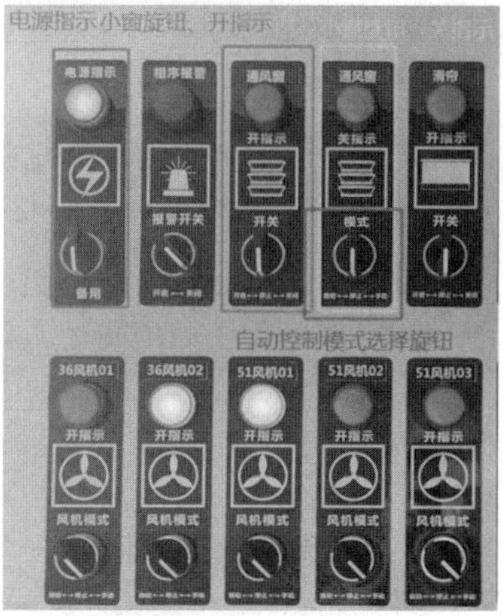

图 4-26　吊顶小窗操作面板

②使用注意事项

Ⅰ.控制箱的任何维修与改动,应由专业人员且断电操作,切勿私自改线或接入其他用电设备;

Ⅱ.正常情况下务必每天巡查运行状况,并定期检查吊顶小窗接线是否有损伤、导线压接是否牢靠、接线端子是否变色、导线外层是否破损态;

Ⅲ.吊顶小窗面板旋钮启停,检查吊顶小窗是否正常开启与关闭。

(四)集中报警系统

猪舍内环控系统设定了舍内温度控制上限,超过了舍内温度上限值,报警系统(图 4-27)就会报警,同时连接员工宿舍,分两级可实现集中控制。设备包括智能报警器、LED 光报警灯、UPS 电源、控制箱箱体、喇叭、厂区报警模块等。

(五)水线系统

水线系统包括 PPR 或 PVC 供水管路(给水主管道为Φ 75 PPR 管,支管为Φ 25 PPR 管、Φ 15 PVC 管、Φ 10 软管)、水线前端过滤器、碗式饮水器、蝶阀、水位控制器和加药器等(图 4-28)。

图 4-27 集中报警系统

图 4-28 猪场水线系统

1.水线前端过滤器

对猪舍用水的第一道粗过滤设备,可以过滤自来水中的泥沙、铁锈、大颗粒物质等。

2.碗式恒流饮水器

猪对饮水器的水压有一定的要求,合适的水压能够保证猪喝到充足的水。一般在 0.02～0.6 MPa 的压力范围内,流量保持恒定,猪只可以获得更加舒适的饮水,减少水的浪费。

3.蝶阀

蝶阀是指关闭件的圆盘,围绕阀轴旋转来达到开启与关闭的一种阀,在管道上主要起切断和节流作用。该阀调节性能好,在管道口积存水少,全开时阀座通道有效流通面积较大,流体阻力较小。密封面材料一般采用橡胶、塑料,低压下,可以实现良好的密封,故低压密封性能好。

4.水位控制器

1 套水位控制器包括 1 个不锈钢饮水盘、1 根不锈钢下水管、2 个快速接口、1 根软管、1 套底托和 2 套固定双 U 丝。水线系统连接 1 个水位控制器,使不锈钢饮水盘里面始终保持一定水位,猪在饮水的时候水会自动流到盘里面,猪只喝完之后,饮水盘里面还保持一定的水位。

5.加药器

加药器以水为动力,可自动向饮水系统内加入水溶性药物,可精确控制药量的多少和比例,用以防止生猪疾病的发生。

(六)照明系统

猪舍内所有照明灯管一般为防爆灯,通常采用防护灯罩或安装畜禽专用照明灯管。如 LED 一体灯管、ABS＋PC(罩)LED 灯带三防支架等。

(七)空气过滤系统

在空气质量较差或防控风险较弱的区域,可在进风端安装空气过滤系统。利用合成纤维材料,通过亚高效过滤器配备初效过滤器的空气过滤系统,可有效地过滤掉 99.5%以上的 0.3 μm 微粒,能有效防止猪蓝耳病、猪瘟、伪狂犬病、口蹄疫、喘气病等病原微生物感染,确保猪舍内猪只的健康。

(八)雾化除臭系统

图 4-29　雾化除臭系统

楼房猪场的生产密度较大,楼房猪舍水循环除臭湿帘减少恶臭产生,当风机开通时,猪舍内还存在气味、杂音、饲料粉尘颗粒等,为满足环保相关要求,降低对周围环境的影响,猪场臭气通过雾化除臭系统(图 4-29)达到《恶臭污染物排放标准》(GB 14554—93)中的二级标准。

(1)雾化除臭系统利用微生物细菌将臭味和 NH_3 分解成其他无机物,是基于 NH_3 溶于水的原理,在风机外端增加一道镂空的湿帘,使用雾化喷头间隔布置向湿帘喷水,湿帘下部的水槽收集流水再循环利用喷雾。风机与湿帘净距不小于 3 m,湿帘厚度一般不小于 0.45 m,喷头间隔一般不大于 1.2 m。根据水质、粉尘含量等的情况,水槽里的循环水一般约 15 d 排放 1 次,除臭用水约 85%已雾化在空气中。

(2)雾化除臭系统将废气通过具有大比表面积的填料时,气体与液体充分接触,溶液中的细菌将废气中的臭味和 NH_3 分解成其他无机物,废气通过气室引入预喷淋系统将经过的废气中的灰尘颗粒进行去除。水回收雾化除臭系统除臭时雾化需要消耗大量的水,而猪场每天需要排放大量的污水,可采用国内最新技术,将污水场处理达标后的污水(简称中水),使用次氯酸发生器等重新进行杀菌消毒,将中水回收进行雾化除臭,除臭等残留的循环水排入污水场调节池,再次处理达标消毒杀菌后重复使用,可减少净水消耗量,降低猪场污水排放量,可做到零排放。

(九)冲洗系统

猪场冲洗系统一般分为集中式泵站与独立式两种类型,集中式泵站通过加热调压后经管路延伸,能提供多人同时进行高温高压冲洗作业,恒温的热水与压力能让冲洗更干净、更便捷。APP 监控的应用让管理更智能。独立式为一台机供一人冲洗作业,加压主机可移动。

(十)升降机系统

楼房养猪升降机系统一般分为液压提升机与卷扬机提升两种形式。卷扬机提升采用导轨链条机械结构,具有承载力大、升降平稳、易维修的特点,设置防坠机械碰撞锁定与一键紧急暂停,上下层门互动连锁,各楼层和升降机工作面均设置了操作按钮,可实现多点控制。液压提升机采用液压泵管加压提升,适用于 5 层以下楼房。楼房养猪一般安装 3 台升降机(图 4-30),其中 2 台分别用于正常猪的进出、物质运输(药品、疫苗、精液等),称为净道;另 1 台用于胎衣和病死猪处理等运输,称为污道,实行防交叉平行布局。

(十一)排污系统

楼房猪场有干清粪、尿泡粪、生态发酵床、水冲粪等多种粪污处理方式。

楼房猪舍粪便清理一般采用“全漏缝地板＋尿泡粪”工艺,粪尿由于重力作用沉入粪池,定时排放通过管路至污水处理站积粪池(图 4-31)。采用此工艺,饲养过程猪舍不再需要用水频繁冲粪。

图 4-30 猪场升降机

图 4-31 垂直连通排污系统

(1)尿泡粪的特点 便于保持猪舍内清洁,劳动强度小且效率高,设备维修简单,舍内必须配套通风设施,后期污水处理难度较大等。母猪场因卫生防疫等原因,通常采用此方法。

(2)尿泡粪处理工艺 猪舍内的粪尿沿猪脚下的漏粪板孔间隙排入下部的通长粪槽,一般间隔 7～15 d,用提钩拔掉粪槽内的排粪塞子,利用旋涡与翻滚效用把泡软的粪渣与尿液混合体,沿连通粪塞直筒的 PVC、波纹管路,通过高差自流至污水站粪污收集池。经过固液分离后,尿液进入厌氧池、两级 A/O 等生物生化处理程序,粪渣经发酵加工等做成有机肥。为防倒灌,一楼为单独一套排污管路,二楼以上管路垂直连通,各管路顶端设排气孔。

(十二)无害化处理系统

无害化处理系统是指对猪场病死猪及分娩物等执行无害化处理,将此肉类混合稻糠等放入专用设备,经过 24 h 高温降解后形成干状小颗粒,可直接用作有机肥原料。

(十三)智能监控系统

人工智能技术简称为 AI 技术,是研究、开发用于模拟、延伸和扩展人的智能的理论、方法、技术及应用系统的一门新的技术科学,技术领域研究包括机器人、语言识别、图像识别、自然语言处理和专家系统等。AI 养猪技术就是在传统养猪的基础上使用智能设备代替人工,将养猪工厂打造为无人工厂。随着我国 AI 技术的快速发展,智能监控系统(图 4-32)在养猪行业进行了大范围的应用与创新,让生产控制更全面、管理更轻松和分配更合理。

图 4-32 猪场智能监控系统图

四、2 400 头楼房母猪场建设标准

(一)建设标准

(1)生产区与生活区严格分开　生产区具有隔离舍、后备舍、配种妊娠舍(建议配种舍和妊娠舍分开)、分娩舍,配套有赶猪通道、卸猪台、药房、人员进出消毒通道及淋浴房等;生活区具有舒适的住宿楼和办公室,配套有食堂、门卫室、进出大门、配电间、水塔等。

(2)猪舍建设节能环保　猪舍全封闭大跨度钢构,吊顶、墙体隔热保温处理,母猪限位栏漏缝地板,产房分区小单元。

(3)设备设施配套到位　环控系统、饲喂系统、通风系统、栏位系统、刮粪系统、高温高压清洗系统等设备设施符合标准、经久耐用。

(4)猪舍内环境控制自动化　配备湿帘、风机、吸顶进风窗、温、湿度探头、环境控制等系统。

(5)粪污处理系统完善　饮水系统采用节水工艺,配备污水处理系统,能达标排放,并配有种养结合的土地或池塘。

(二)工艺设计及设备配套

(1)栏舍配套上除主体的怀孕舍和分娩舍外,需规划后备舍和保育舍,不再配置公猪舍。后备舍按场内每年 40%群体更新规划设计。

(2)配怀舍栏位配置　大栏 32 个,限位栏 2 150 个;限位栏按猪群品种配置,标准为 2.2 m×1.1 m×0.65 m 整体热浸锌限位栏;配怀舍需配备 M 型 1.5 mm 厚不锈钢食槽及节水装置。

(3)分娩舍实行小单元设计,每个单元为 28 张产床,最高不超过 48 张产床。产床配置 2 400 头场不低于 576 张(若按 28 张产床/单元,则为 560 张产床/20 单元),产床配套自由采食器。

(4)猪舍夏季采用横向通风,冬季采用吊顶进风口进风,吊顶进风口均采用有驱动、可自动调节的型号。分娩舍设计风速 1 m/s 以上,其他栋舍均为 1.5～2 m/s。

(5)栏舍吊顶要求配置标准为宝钢一厂的镀铝锌板,并确保 8 年内不产生任何质量问题。

(6)设备标准配置知名厂家产品,全场配备自动化料线,自动环控系统,中高档栏位系统。照明要求配备防护灯罩或安装畜禽专用照明灯管。

(三)猪场设备技术指标及工艺要求

1.水泥漏缝地板安装要求

(1)原则上标配 3 000 mm×600 mm×100 mm 水泥漏缝地板。母猪场配种妊娠舍要求安装 3 000 mm×600 mm×100 mm漏缝地板,后备舍及隔离舍可根据实际情况配置 2 400 mm×600 mm×100 mm 漏缝地板或 3 000 mm×600 mm×100 mm 漏缝地板(图 4-33)。

图 4-33　后备舍漏缝地板

(2)配种妊娠舍漏缝地板要求预留清粪口及检修口，须为专用模具制作清粪口及检修口专用漏缝地板，为避免影响漏缝地板质量，不得采取现场打孔或切割方式制作。检修口尺寸不小于 400 mm×500 mm，清粪口尺寸不小于 350 mm×350 mm。检修口按粪沟长度及排污口位置配置，每个排污口旁须配置一个检修口，粪沟长度每 50 m 配置一个检修口，超过 50 m 的须配置 2 个以上检修口。清粪口配置方式为每 9～12 m 设置一个，实际根据栏位安装及粪沟尺寸设置，建议每间隔 12～15 个限位栏设置一个清粪口。

(3)检修口及清粪口须用 5 mm 厚防滑钢板作为盖板，四周焊接角钢定位框并整体热浸锌，制作两个提钩方便人员打开盖板清粪及检修。猪场水泥漏缝板工艺要求参见表 4-10。

表 4-10　猪场水泥漏缝板工艺要求

序号	项目名称	工艺要求
1	地板尺寸(长×宽×厚)	2.4 m×0.6 m×0.1 m/3.0 m×0.6 m×0.1 m
2	地板厚度	10 cm
3	板条数量	横向 4～5 条，纵向 5 条
4	漏缝宽度	25 mm，4 缝
5	上表面样式	磨砂防滑面
6	砂子类型	水洗砂
7	加强筋类型	国标三级螺纹钢
8	加强筋层数	双层，焊接
9	裂缝	无肉眼可见裂缝
10	加强筋底层纵向方向	Φ10×5 根
11	加强筋顶层纵向方向	Φ8×5 根
12	背面气孔	高密实度，表面观察气泡少
13	承载力在合理支撑时单块强度	≥1 500 kg
14	边角处理工艺	打磨
15	混凝土强度	C35 以上，水泥板检测平均强度不小于 35 MPa
16	清粪及检修	需预留清粪口及检修口

2.配种妊娠舍限位栏工艺要求

(1)定位栏 2.2 m×0.65 m×1.1 m 规格，外框 6 分钢管，内衬 4 分钢管，6 分管壁厚 2.3～2.5 mm，4 分管壁厚 2.3 mm；整体热浸锌工艺(图 4-34)。

(2)侧栏片竖向管 8～9 根均布，横向管间距 160～180 mm。后进前出设前后栏门，外框及内衬 4 分钢管，4 分管壁厚 2.3 mm；前门高度 0.85 m，后门高度 0.6 m，均采用碰锁结构。

(3)每组定位栏上面有 3 根水平 4 分热镀锌钢管(或热镀锌扁铁)固定，管壁厚 2.3 mm。现场安装采用 M8U 型卡与定位栏连接固定或者 M8 不锈钢螺栓冲孔固定，螺帽采用 304 不锈钢自锁螺帽固定。

(4)支撑脚高度 150 mm，采用 250 mm×50 mm×6 mm 钢板与 M10 尼龙块+304 不锈钢螺栓+304 不锈钢自锁螺帽；后支撑脚离后门不得超过 30 cm。前后支撑脚都须有斜拉筋加强焊接。

(5)下料管采用侧栏片自带下料管,也可采用Φ 60×2.3 镀锌管,底端打磨倒角、无毛刺;配备 1.5 mm 厚 304 不锈钢 M 型通槽,安装稳靠。

(6)栏片和构配件整体热浸锌,整体热镀锌,全部热镀锌厚度≥80 μm;所有栏片及构件的连接均采用 304 不锈钢螺栓及 304 不锈钢自锁螺帽连接,杜绝现场焊接。

3.分娩舍产床工艺要求

(1)尺寸　长 2.4 m×宽 1.8 m×高 0.5 m,母猪位居中,长 2.2 m×宽 0.7 m×高 1.1 m;母猪区框结构采用 1 寸管,壁厚 2.5 mm,6 分管壁厚 2.3 mm,整体热浸锌(图 4-35)。

图 4-34　定位栏

图 4-35　母猪分娩栏

(2)母猪分娩栏外框用中空 PVC 板,厚 35 mm,高 500 mm。围栏后挡板设净空 1 000 mm 宽栏门,可整体拆卸,保证母猪能正常进出。

(3)分娩栏上所有螺栓和螺母均采用不锈钢材质,螺母采用防滑螺母。所有构配件均整体热浸锌。

(4)分娩栏有可调节的防压杆,两条防压杆之间最近距离 35 cm,下落后高出产床 32 cm。

(5)产床头部固定下料管及水线。配置 304 厚度 1.5 mm 不锈钢焊接食槽,可翻转,配套自由采食器。分线路单独安装母猪及仔猪饮水碗。

(6)母猪位采用热镀锌扁钢梁,母猪位地板采用整体热浸锌三棱钢漏缝地板,后部清粪口。仔猪区地梁采用玻璃钢梁,高度 12 cm,玻璃钢梁底部宽度不低于 30 mm;仔猪位地板采用 PVC 全漏缝塑料地板,塑料地板的安装高度允许偏差±1.5 mm,塑料地板的装配间隙≤2 mm。

(7)保温罩尺寸宽 600 mm×长 1 200 mm。保温罩采用阻燃材料,有单独固定开启卡扣,有悬挂保温灯位置,且保温灯能上下升降。

(8)保温灯采用飞利浦(或因特希特等知名品牌)2～3 档可调产品。小猪位配高标准电热保温板。

4.料线系统技术要求

(1)料塔采用双面镀锌板为主体材质,总量不低于 275 g/m^2;可使用质量可靠品牌玻璃钢料塔。料位观察口不少于 1 个,料塔储存量为 5～7 d 饲喂量。料塔要有完善的防雨、隔热、防雷等措施或配件。

(2)料位传感器,限位开关等关键部件必须采用进口品牌。

(3)输料方式一般采用60塞盘料线，链扣直径≥5.0 mm；60链盘需耐磨，不易破损，链盘间距70 mm；链条拉力18 kN以上。链盘附着力250 kg以上。输料管为热镀锌，安装须横平竖直，确保料线运转顺畅。限位栏下料管如单独安装，使用热镀锌管卡加防松螺母固定。

(4)所有安装电器线路不得外露，采用知名品牌标准BVR线缆及电器开关等器件，外加电工套管。

(5)供料输送系统的控制器安装在猪舍内，方便饲养人员操作(图4-36)。

(6)室内所用驱动主机和料管，要有支架和配套确保安装牢固可靠。料线支撑原则上选用硬支撑，硬支撑间距不大于2 m；若选用悬挂支撑，则间距不大于1.5 m。支撑必须与栏位上下水平管都要进行U形包箍固定，不允许进行焊接固定，对下端进行处理，不应出现伤猪现象。支撑转角处采用热镀锌角钢，其余部分采用热镀锌钢管(Φ25)，吊链采用304不锈钢吊链(2 mm)。

图4-36 分娩舍供料输送系统

(7)绞龙式喂料系统　75绞龙弹簧采用进口弹簧，输料管采用双面镀锌管壁厚1.2 mm或PVC管壁厚度≥4 mm，直线距离不允许超过80 m；60绞龙弹簧采用进口弹簧，输料管采用双面镀锌管壁厚1.2 mm或PVC管壁厚度≥4 mm，直线距离不允许超过100 m。

5.环控系统技术要求

(1)风机外廓采用玻璃钢或防腐材料，舍外拢风筒带防护网(舍内部分带百叶窗)，皮带驱动轮铝合金或铸铝材质，风机叶片为铸铝材质，使用纯铜芯电机(品牌：西门子、万高等)，能够满足风量需求。

(2)地沟风机必须有防雨的罩子和基座，放在粪沟开口上，可整体拆卸，并保证安装的气密性。所有的风机都自带闭合装置，能自行打开(如百叶窗等)。

(3)湿帘纸采用7090材质，厚度为150 mm，波高7 mm。采用镶嵌式湿帘，不出现溅水现象；铝合金或不锈钢外框，上下厚1.5 mm，左右厚1.0 mm；外墙水帘采用双面不锈钢防鼠网。组装后不出现渗水现象，给水管带水质过滤器。循环水泵采用优质电机(新界、大元等)。

(4)湿帘卷帘采用PE双面涂塑布，重量≥205 g/m^2；手动卷帘绞车采用铸铁材质，主钢丝绳(Φ5)/副钢丝绳(Φ3)采用不锈钢304材质；卷帘两侧及下侧密封边采用镀锌或铝合金压条固定，卷帘两端设包头布，宽度30 cm，不允许挡住水帘。

(5)风机湿帘数量必须符合行业栏舍设计总体通风量标准。原则上要求配怀舍夏季最高不超过28 ℃。

(6)环境控制器要求带室内外温度(湿度)探头，可以显示室内外温度(湿度)，要求配置异常情况两级报警系统。控制纵向风机、横向风机、吊顶进风窗、湿帘以及通风小窗等，能自由组合风机、风窗、水泵等运行的台数令室内温度变化平滑，传感器探头线采用电源屏蔽线。

6.发电机技术要求

(1)为提高猪场紧急备用电源的安全性、可靠性，在市电中断后，备用的柴油发电机组必须正常发电，且能长时间发出标定功率的电量。

(2)发电机所配置的柴油发动机必须为广西玉柴、山东潍柴、重庆康明斯、上柴动力等品牌原装出厂全新发动机。发电机所配置的电机必须为无锡斯坦福、利莱森玛、明邦、安徽德科等品牌正品交流电机。发动机及电机均不接受其他品牌或二手产品。

(3)发电机控制器技术要求　以LCD数字方式显示电流、电压、频率、功率因素、水温、电池油压、转速、电池电压、运行小时等。具备过载、短路、过电压、欠电压、水温油温高、超速运行、低油压等保护。发电机各类电气故障报警、跳停机、高水温、低油压、充电故障、超速/低速报警停机，压力/转速传感信号丢失、起动失败、紧急停车等报警功能。发电机须配置定时启动测试功能。

(4)猪场须按整场设备负荷及设计要求配置相应规格功率的发电机，6 000头母猪及以上大型猪场须配置一备一用两台发电机。

五、育肥场工艺设计及建设要求

(一)育肥场附属设施及配套设计

(1)育肥场根据生物安全体系要求，从外入场依次设计外事区(门卫、洗消通道、烘干房、综合用房、办公楼、物资间、宿舍及厨房等)、隔离区(隔离点、检测点、洗消点、物资间等)、生产区(门卫、烘干房、洗消通道、综合用房、物资间、宿舍及猪舍等)，单独设计粪污处理及病死猪处理区，存栏超过20 000头育肥场需在生产区外设猪只中转区/站。其中隔离区的检测点要单独分开，外事区可用围挡或护栏网与场外分开，生产区须建设实体围墙与外严格隔开(参见附图)。

(2)门卫、洗消通道、综合用房、办公楼及宿舍等外事区与生产区建筑物屋顶均统一贴蓝色瓷片，洗消通道分区设计人员和物资通道，宿舍均按不低于20 m^2/间，并带单独卫生间设计。

(3)水电路等基础设施配套　原则上按标准设计，必须有保证水量的深井水并建设不锈钢水塔或水池，猪场用水必须有水质水量检测报告，水塔出水口配备增压泵、计量器及过滤系统；场内配备专属变压器、配电房及发电机；10 000头以下育肥场可实现批进批出的可以只有一条硬化道路供人员、物资、猪只的进出，超过10 000头以上育肥场必须设计一进一出或一进多出道路。粪污处理和病死猪处理区必须有独立的一条进出道路。

(4)粪污处理原则上按综合排放一级标准要求设计，粪污处理区可以和病死猪无害化处理区设计在一个区域内。

(5)按标准建设出猪中转区/站及洗消烘干房。

(二)育肥场存栏规模及栏舍设计

(1)育肥场单场存栏规模在满足生物安全要求并能妥善处理污水的前提下，可根据场地情况适度设计规模，一般设计存栏5 000～30 000头，超过30 000头存栏规模须现场审核选址。

(2)单层育肥场单栋或单区存栏规模一般不超过6 000头。栏舍建设模式分两种：一种为大栋小单元，横向通风，单栋宽度不超过40 m；另一种为双拼直列式，纵向通风，单栋长度不超过69 m。

(3)楼房育肥场原则上单栋存栏不超过10 000头，单体不超过6层，每层存栏不超过

2 000 头(双拼 2 个区)。

(4)栏舍可设计 2/3 漏缝(1/3 配地暖)或全漏缝两种模式。育肥舍单栏尺寸不超过 4.2 m×8.5 m,每栏饲喂头数不超过 40 头(图 4-37)。

(5)栏舍墙体粪沟为混凝土浇筑,漏缝板以上 1 m 为砖混结构(24 墙体),1 m 以上可选择做砖砌墙体或密封隔热等级高的钢结构板材墙体。舍内过道两侧可设计为砖砌墙体,全漏缝猪舍可设计为热浸锌栏片。

(6)栏舍屋顶为宝钢或同品牌厂家白色单层镀铝锌板,舍内设置吊顶层,吊顶铺设玻璃石棉保温层或喷涂聚氨酯层。屋顶钢结构可设计为桁架或门钢,均须满足负载及使用寿命要求。

(7)育肥场排污方式建议为尿泡粪工艺,如因环保等因素必须采取刮粪工艺,则设计为平刮,每栋预留集污池,并能将粪水泵往污水处理区。

(8)育肥场应根据当地情况设计是否安装除臭设备,离居民区较远的可以暂不安装除臭设备设施,但须预留空间以便后期能方便加装除臭系统。

(9)猪舍间墙体或栏片设计高度为 85 cm,栏位在过道及实心地面侧为砖砌墙体,实心地面须设计 5%坡度。猪舍栏门净宽为 1 m,风机端须预留应急出猪门。

(三)育肥场设备配套及相关要求

(1)栏舍内食槽不得采用不锈钢双面料槽(图 4-38),每个栏配置 1 个干湿料槽(定制款),或配置智能干湿饲喂器。

(2)栏舍内漏缝板上栏片必须为整体热浸锌栏片。

(3)栏舍内须设计保温灯线路,预留位置安装保温灯。2/3 漏缝猪舍的实心地面处须铺设地暖,原则上采用水暖,确保节能及使用效果,电地暖须使用一线品牌石墨烯地暖并确保安装合理规范。

图 4-37　育肥舍水泥漏缝地板

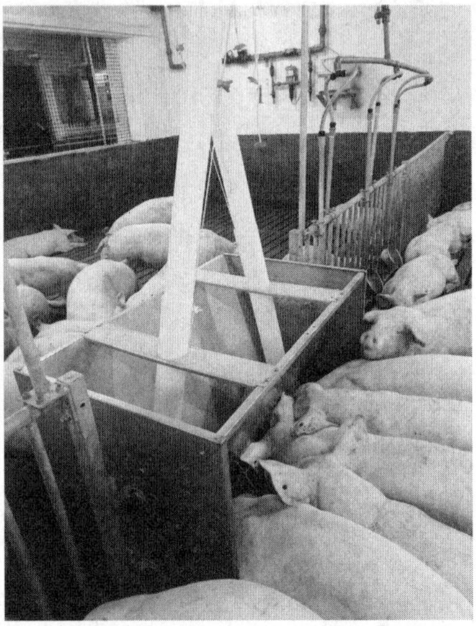

图 4-38　育肥舍不锈钢双面料槽

(4)栏舍内环控、料线、水电、报警等系统须为品牌厂家整体提供方案和配置,不得采用简易式风机水帘。设备按猪场建设目录厂家采购,须提供完整的设备配置清单及方案作为验收依据。

(5)育肥场一般不作饲料中转，饲料车经洗消烘干后入场在实体围墙外进行场外打料。料线系统单栋或单层设计一种饲料料线循环，按存栏 3 kg/d，头饲喂量设计 5～7 d 存料量来配备适宜的料塔。

(四)育肥场智能化设备配置

(1)人员车辆路径管理　育肥场安装智能考勤及门禁系统，根据生物安全管理办法，对未获审批及授权的车辆、人员进行筛查不得进入场内，对系统内车辆及人员进入场区后的路径进行严格管控，分区域分路径进入且确保有痕迹。员工上班进入生产区及栏舍须进行人脸识别，记录考勤时间，指导生产管理工作，让员工轻松满负荷地工作。

(2)料塔称重及联动打料系统　育肥场料塔须配备料塔称重传感器，并有可靠的传输及控制系统，具有 485 接口可适配远程管理系统，在本地及远程可查看饲料存储及使用情况，具备软硬件扩展功能。配置智能粥料机系统的场，料线控制系统需配置联动打料，即定时打料以外，须检测食槽剩料量，栏舍内任意一个食槽空料后即启动料线进行补料，确保自由采食。

(3)智能精准饲喂　育肥场安装智能饲喂器，根据猪只生长饲喂和营养策略进行精准饲喂，最大限度地减少饲料浪费，降低料重比，缩短出栏天数。智能饲喂设备须经过严格验证，确保使用方便，效果明显，耐用且易用。所有饲喂数据实时上传至管理系统，做生产管理及报表分析。

(4)水电使用情况监测　育肥场安装智能水表、电表，对猪场水电使用情况进行记录并上传至系统，每日可查看水电使用量，对每栋栏舍、每批次猪进行水电消耗情况统计和分析，对出栏成本有更全面的数据和管理。

(5)智能环境控制　育肥场环境控制系统须实时监测猪舍内的温度、湿度、氨气浓度等环境因子，环控系统能在线完成栋舍内环境指标的监测和调控。

(6)全场视频监控及网络　育肥场接通专线光纤网络，由新五丰进行全场视频监控网络安装，对猪舍、附属设施、进出猪平台、出入场道路、环保处理等进行全天在线监控，并实时上传到总部管理系统(图 4-39)。

图 4-39　育肥舍视频监控图

六、5 000 头育肥场建设标准

(一)建设标准

(1)生产区与生活区分区明显，布局合理。生产区为保育育肥一体化猪舍，配套有赶猪通道、进猪台、生猪销售栏、药房、人员进出消毒通道及淋浴房等；生活区具有舒适的住宿楼和办公室，配套有食堂、门卫室、进出大门、配电间、水塔等。

(2)猪舍建设节能环保　猪舍全封闭大跨度钢构，房顶、墙体隔热保温处理。

(3)设备设施配套　环控系统、饲喂系统(自动料线)、通风系统、饮水系统、栏位系统、刮粪系统等设备设施符合标准、经久耐用。

(4)猪舍内环境调控自动化　配备湿帘、风机、进风窗、温、湿度探头、环境控制等系统。

(5)粪污处理系统完善　饮水系统采用节水工艺,建议采用尿泡粪工艺,配备污水处理系统,并配有种养相结合的土地或池塘。

(二)工艺设计及设备要求

(1)栏舍地面可选择安装部分水暖或者电地暖,靠墙部分需预留保温灯及盖板等接口和位置。

(2)栏舍屋顶、墙体等结构和材料参照育肥场工艺设计及建设要求建筑标准。栏舍采取品牌镀铝锌板吊顶,确保通风降温及保温隔热效果。

(3)栏舍分区或联体式,连体分单元建设500～600头或者1 100～1 200头1个区,栏舍保育育肥一体化。单栏面积建议为25～30 m^2 以内,单栏饲养猪只不超过30头。

(4)保育育肥一体平均0.9 m^2/头实用面积(饲养面积),漏缝与实地比为2∶1,栏舍地面要求地基牢固不沉降,实地面要求平整防滑不得刮伤猪蹄,漏缝板质量可靠,表面平整,易漏粪清粪。

(5)栏舍配备整体热浸锌栏片,知名品牌料线,全自动环控系统。原则上配备智能湿拌料粥料器,可不再单独安装饮水线,安装干湿料槽。

(6)栏舍内部需配备合理的水电线路,确保场内照明及水源供应。照明要求配备防护灯罩或安装畜禽专用照明灯管。

(7)栏舍地面可选择安装部分水暖或者电地暖,靠墙部分需预留保温灯及盖板等接口和位置。

(8)排污方式　原则上建议漏缝板尿泡粪,可采用刮粪机干湿分离。

(三)猪场设备技术指标及工艺要求

1.水泥漏缝地板要求

(1)育肥舍可根据实际情况配置2 400 mm×600 mm×100 mm漏缝地板或3 000 mm×600 mm×100 mm漏缝地板。

(2)育肥舍按粪沟长度每50 m配置一个检修口,超过50 m的须配置2个以上检修口。

(3)检修口及清粪口须用5 mm厚防滑钢板作为盖板,四周焊接角钢定位框并整体热浸锌,制作两个提钩方便人员打开盖板清粪及检修。

2.育肥舍大栏技术要求

(1)全漏缝地面的大栏要求　栏片采用多栏片组装式,支脚间距不大于2 m。两栏片采用扁铁和方管进行连接。

(2)栏片要求　总高0.9 m,也可采用下部砌砖,上部拼接栏片的方式。外框结构采用6分黑管热浸锌,管壁厚2.3 mm,内衬竖管采用4分黑管热浸锌,管壁厚2.3 mm,支撑脚离地高100 mm,竖管中对中间距≤100 mm,单片栏≤4 m。

(3)栏门要求　高度0.8 m×宽1.0 m,门框为6分黑管热浸锌,壁厚2.3 mm。内衬竖管为4分黑管热浸锌,壁厚2.3 mm,内衬竖管中对中间距≤100 mm。

(4)固定件要求 地脚焊接在 200 mm×150 mm×8 mm 钢板上，混凝土地面采用 304 不锈钢 M10×100 内胀膨胀螺栓固定在地面上；漏缝地板上采用Φ 10 不锈钢螺栓尼龙块＋下端安装不锈钢自锁螺帽进行固定，紧固方式采用向下紧固。两支撑脚间距离不超过 2 m。

(5)栏角立柱要求 50 mm×50 mm×3 mm 方管，焊接在 200 mm×150 mm×8 mm 钢板上。

(6)栏片与墙体间要求 与墙体相连接的栏片一端，上下各焊接一块 100 mm×50 mm×5 mm 的钢板，穿墙用 2 个 304 不锈钢 M14 螺栓固定于墙体上。

(7)栏片与料槽连接 与料槽相连接的栏片一端，料槽靠近过道处，距离外侧栏片 50 cm。上下各焊接一块与栏杆垂直的 120 mm×50 mm×5 mm 的钢板，用 2 个 304 不锈钢 M10 螺栓固定于料槽上。

(8)所有栏片及构件的连接均采用 304 不锈钢螺栓＋304 不锈钢自锁螺帽连接，部构件整体热浸锌，杜绝现场焊接。

七、粪污处理系统

(一)尿泡粪工艺

(1)猪舍粪便清理采用“全漏缝地板＋尿泡粪”工艺，粪尿由于重力作用沉入粪池，在储存一定时间后(一般为 7～15 d)进行排放。

(2)积粪池在密闭环境中，结合系统首、末端排气阀，利用虹吸原理，形成了负压，当液态粪污未排放时，管道内充满了空气，当要排空粪池时，用提钩打开排污塞子，利用旋涡及翻滚效用把液态粪污混合物排入管道，管道内空气逐渐排出，利用高差自流经管道汇入污水站粪污收集池。

(3)通过固液分离机分离固态猪粪。

(二)污水处理系统

固液分离预处理＋黑膜沼气池＋两级 A/O＋絮凝沉淀＋臭氧消毒＋人工湿地。

(1)采取雨污分流排水，建立独立的雨水收集管网系统和污水收集管网系统。

(2)粪污废水采用 HDPE 管输送至污水处理站，做好污水管道的防渗处理。

(3)采用固液分离预处理＋折流板式厌氧(ABR)反应器＋两级 A/O(A 为缺氧段，主要用于脱氮；O 为好氧段，主要用于去除水中的有机物)＋絮凝沉淀＋臭氧消毒＋人工湿地工艺。

(三)病死猪及分娩物无害化处理

(1)将需要处理的病死猪及分娩物投入动物尸体降解处理机的箱体内，处理机对物料进行密闭破碎处理 10 min。

(2)投入相应的垫料和微生物菌剂，然后处理机在密闭状态下进行降解处理，工作周期为 24 h，处理机把畜禽尸体、分娩物等有机物快速降解，并集加热、搅拌、降解、杀菌、干燥等多种处理工艺于一体。

(3)制成生物菌用于污水处理站、有机肥厂生物处理。

(四)医疗废物处理

药物包装材料、注射器、废弃的针头，在危废暂存间采用密封塑料桶集中暂存，定期交由医疗废物处置中心进行处理。

(五)生活垃圾处理

(1)设置专门的垃圾收集点，并采取密闭措施。
(2)定期交环卫部门统一处置。

(六)场区绿化

(1)场区外种植乔木、灌木、花草组成的绿化防护林带。
(2)场区内绿化采取小灌木、花草等相结合的方式。

【思考题】

1.常见养猪生产工艺流程有哪些?
2.楼房猪场建设选址有什么要求?
3.楼房养猪有何优缺点?
4.现代养猪设备主要包括哪些?
5.简述料线控制箱的操作步骤。
6.BH 8600 环控器菜单设置项目有哪些?
7.简述雾化除臭系统工作原理。
8.某猪场后备猪舍1个单元有4～7周龄猪只350头，最小通风设置如下表：

周龄	猪只数	cfm/头	需要通风量	最小风机型号	最小风机通风量	最小风机数量	18寸风机功率	计算开/关时间	调整开/关时间
4～7周	350头	2	700 cfm	18寸	4 100 cfm	1台	60%	开51 s, 关129 s	开60 s, 关120 s

请设置3 min循环的风机开启时间和关闭时间。

二维码4　现代猪场的规划与设计思考题及答案

任务五　猪场生物安全

【思维导图】

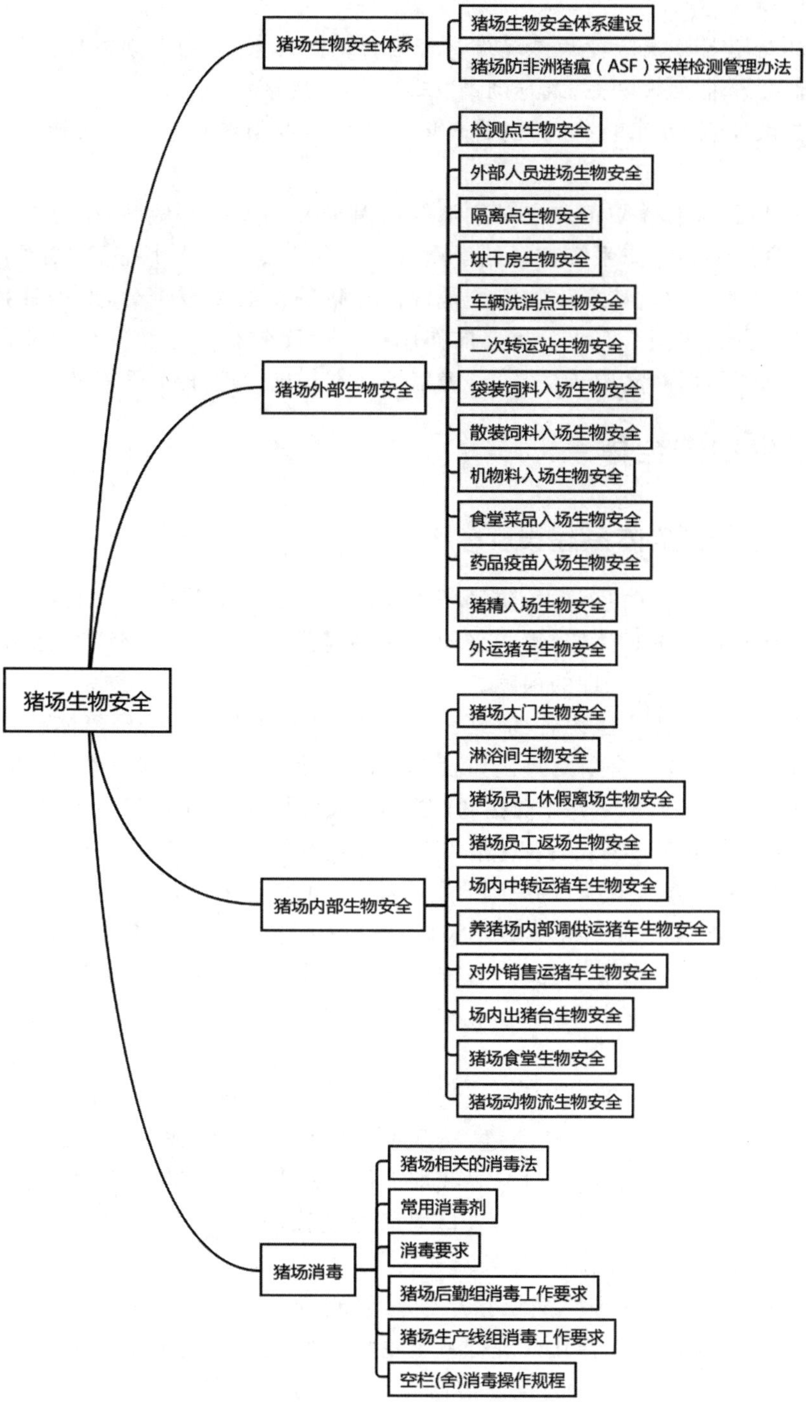

【工作目标】

1.围绕非洲猪瘟等疫病防控,构建完善的生物安全体系;

2.围绕非洲猪瘟等疫病防控,强化猪场外部生物安全,积极开展猪场采样检测;

3.为对猪场多种常见疾病进行防控,强化内部生物安全;

4.做好猪场卫生消毒生物安全措施。

【职业素养】

1.围绕非洲猪瘟等疫病防控构建现代养猪生物安全体系,贯彻落实我国《生物安全法》;

2.创新智能化养猪生物安全,践行湖南"三高四新"战略;

3.具有爱岗敬业、精益求精、开拓创新和团结务实的劳动精神和工匠精神。

生物安全是指国家有效防范和应对危险生物因子及相关因素威胁,生物技术能够稳定健康发展,人民生命健康和生态系统相对处于没有危险和不受威胁的状态,生物领域具备维护国家安全和持续发展的能力。猪场生物安全是现代养猪的重要组成部分,对提升猪场整体生产水平、管理水平及盈利水平具有十分重要的作用。打造高效猪场生物安全对非洲猪瘟等疫病防控形成良好的屏障,切断病原传播链条,为猪场保驾护航具有重要意义。

一、猪场生物安全体系

(一)猪场生物安全体系建设

(1)人性化管理　由于防疫要求,猪场严格控制人员、车辆等出入。对内部员工制定人性化管理制度,按季度有序进行休假,集中采购生活必需品,提供良好的饮食、住宿条件,全面做好猪场员工福利是生物安全管理的保障。

(2)实施分区管理　生产区内各场(站)、生产线、段等能自成防疫屏障体系,充分发挥其所在区域的屏障作用。各栋栏舍所有进出口设置有消毒池或消毒桶,栋与栋之间能相对独立。

(3)规范"四进四出"通道　每个养猪场根据本场实际情况,制定规范的"四进四出"通道。"四进"指进入猪场的人员、物资、饲料、后备种猪,"四出"指离开猪场的仔猪、淘汰种猪、病死猪、粪污,要求"四进四出"按照"单行道、不交叉"的原则分别通过不同的消毒通道,执行不同的进入或离开流程。

(4)开展"四害"防制措施　猪场要针对鼠、蚊、蝇、鸟"四害"采取防制措施,如安装捕鼠器、纱窗、喷洒灭蚊蝇药、安装驱鸟器等,每季度开展1次清理工作。猪场与外界必须用实体围墙(图5-1)或采光瓦等围挡进行隔离,防止猫、犬进入或老鼠钻洞。不得在猪场内饲养猫、犬、鸡、鸭等其他动物。

(5)设立特殊防疫屏障　生猪中转站、污水处理厂、有机肥厂与生产区保持一定的安全距离,严格隔离,建立严密的防疫屏障,设置分界线。在场、生产线或卸猪台的赶猪通道分界线处,设全封闭铁板门,工作人员赶猪过分界线即关闭铁板门。无害化生物处理区是病死残猪处理的地方,砌围墙与生产区严格隔离,出入口建消毒设施,对病死猪无害化生物处理池的上盖入口处进行密闭处理,以防止腐败气体外泄。

(6)规范无害化病死猪处理　病死猪严禁露天放置,必须放入装尸袋或有盖子的收集容器,再丢入生物坑、焚烧炉或无害化处理处。生物坑必须有盖,防鸟或其他动物啃食腐肉引起疾病传播。生物坑每月加1次10%烧碱溶液100 kg,每月15日在周围撒生石灰。最好是采用专业的无害化处理设备(图 5-2)对病死猪进行发酵、焚烧或其他处理。

图 5-1　猪场实体围墙

图 5-2　无害化处理设备

(二)猪场防非洲猪瘟(ASF)采样检测管理办法

1.采样主体责任

(1)中心实验室　负责采样方法的制定、优化与培训;负责各采样点的监督检查。

(2)猪场场长负责本场采样安排、落实与监督检查及培训工作,对样品的质量负主要责任,并确保采样精准、优质。

(3)组织人事部(或办公室)　负责招聘人员及其他相关人员的采样。

(4)分公司实验室　负责入场人员与车辆的采样。

2.采样方法

(1)人员采样

①采样材料　医用棉签(10 cm)、医用纱布(8 cm×8 cm×8 层)、PE 手套、生理盐水、自封袋(6 号)、离心管(5 mL)、油性笔。

②采样方法　戴上一次性 PE 手套,将纱布放入自封袋,加入 5 mL 生理盐水将纱布打湿,以备采样用。采样时将纱布多余的生理盐水挤至自封袋另一角落,纱布擦拭依次顺序:脸→脖颈→头发→手臂、手、指甲→手机→衣服→裤子→鞋子、鞋底。用湿润的棉签将鼻孔和耳蜗、耳洞采样,采完后将纱布和棉签一并放入自封袋内,将纱布和棉签充分搓揉,通过挤压收集待检样品。记录采样信息并用油性笔编号。

(2)猪口鼻腔棉拭子采样

①采样材料　5 mL 离心管、15 cm 医用消毒棉签、PE 手套、84 消毒液、移动密闭桶子、加厚垃圾袋、油性笔。

②采样前准备　戴上一次性手套,加 1 mL 生理盐水至 5 mL 离心管中以备采样用。鼻腔采样:戴上一次性 PE 手套,根据猪只的大小将棉签插入猪鼻腔 3～8 cm,旋转 2～3 圈,将棉签插入套管。将手套取下放入装有 84 消毒液的移动密闭桶内。口腔采样:戴上一次性 PE 手套,将无菌棉拭子插入舌根部,让猪咀嚼 5 s,取出,将拭子放入保存管中,记录猪只信息并用油性笔编号。将手套取下放入装有 84 消毒剂的移动密闭桶内。记录采样信息并用油性笔编号。

(3)血拭子采样

①采样材料　末梢采血针(0.7 号采血针)、10 cm 医用棉签、生理盐水、PE 手套,5 mL 离

心管、油性笔。

②采样方法　戴上一次性手套,加 1 mL 生理盐水至 5 mL 离心管中以备采样用。戴上一次性 PE 手套,用采血针在猪尾尖竖直扎入,或用末梢采血针扎入耳尖,冒出 1～2 滴豆大血滴即可,用无菌棉签吸附血滴并按压 30 s 左右止血。将无菌棉签放入离心管中,记录采样信息并用油性笔编号。将使用过的耗材放入装有 84 消毒液的移动密闭桶内。

(4)纱布采样

①采样材料　8 cm×8 cm×8 层纱布、生理盐水、6 号自封袋、1.5 mL 无菌离心管、PE 手套、10 mL 一次性注射器、油性笔。

②适用范围　采车辆、人员、物资、环境样。

③采样方法　将纱布放入自封袋,加入生理盐水将纱布打湿,一块纱布加 5 mL 生理盐水,2 块纱布加 8 mL 生理盐水、3 块纱布加 10 mL 生理盐水,具体根据采样对象的吸水程度来确定,以备采样用。戴上一次性 PE 手套,在取样对象上选取一定的面积进行擦拭,将擦拭后的纱布放入 6 号自封袋中,将纱布中的水拧出,确保拧出 1 mL 液体为宜,倒入 1.5 mL 无菌离心管中,记录采样信息并用油性笔编号。将使用过的耗材放入装有 84 消毒液的移动密闭桶内。

(5)棉绳口腔液采样

①采样材料　无菌棉绳,5 mL 无菌离心管、10 号自封袋、PE 手套、84 消毒液、移动密闭桶子、加厚垃圾袋、油性笔。

②适用范围　大栏猪群。

③采样方法　戴上一次性 PE 手套,将无菌棉绳绑定在猪群可咬嚼到的猪栏上,让猪群咬嚼 15～20 min 以后,放入无菌自封袋中挤出唾液样,倒入配套的离心管中,记录猪只信息并用油性笔编号。将使用过的耗材放入装有 84 消毒液的移动密闭桶内。

3.猪场采样策略

(1)必检项目　门卫(通道、洗澡间、物资消毒间),入场的人、车、物资(包括饲料、疫苗、药品、精液等)、病死猪、异常猪。凡有发生必须检测。

(2)监测项目

①生活区环境　阴性场每周检测 1～2 次,阳性场、复产场每周检测 2～3 次。

②生产区环境　阴性场每周检测 1～2 次,阳性稳定场、复产场每周检测 2～5 次,阳性不稳定场每天进行监测。

③水源　每周监测 1 次。

4.采样注意事项

(1)采样需把握关键风险点,样品具有代表性。参见表 5-1,猪场关键风险点采样操作要求表。

(2)防污染　一猪一物一手套,采样过程中防止交叉污染,采样后的垃圾及时做无害化处理。

(3)样品编号　一律用油性笔按序号进行编号,6、9、8 等数字应下划线。

(4)样品保存与运输　样品冷冻保存,用泡沫箱冷藏运输。

(5)样品信息记录　送样至实验室时要及时提供规范真实的样品信息表,先填写必检样品,后填写监测样品。猪场采样检测信息和猪场 12 个风险点采样操作要求如表 5-1、表 5-2 所示。

表 5-1　猪场关键风险点采样操作要求

采样项目	采样方案	采样频率
	风险点 1:员工隔离点	
员工隔离点	(1)床单、被套、枕巾 (2)茶几、书桌 (3)靠床地面 1 m^2 (4)洗澡间(水龙头开关必采) (5)更换用鞋的鞋底 以上所采样品混合为 1 个样	每周采样 1～3 次
	风险点 2:物资隔离仓库	
物资隔离仓库	(1)进门开锁处或门把 (2)进门处地面 1 m^2 (3)物资堆放处地面 1 m^2 (4)物资堆放架每层 1 m^2 以上所采样品混合成 1 个样	每周采样 1～3 次
	风险点 3:进猪场人员	
隔离点、门卫处等	(1)鼻孔、耳朵、指甲缝内以上所采样品混合成 1 个样 (2)头发、脸部、手部、衣服领口、袖口、口袋、鞋底等处所采样品混合为 1 个样	进场前用棉签擦拭 进场前用纱布擦拭
	风险点 4:猪场门卫处	
通道	(1)车辆进门道路正中地面 1 m^2 (2)人员进门地面 1 m^2 和登记处 以上所采样品混合为 1 个样	采样 1 次/d
洗澡间	(1)洗澡间两侧走廊各 1 m^2 (2)洗澡间两侧衣物储物柜各 1 m^2 (3)洗澡间地面 1 m^2 以上所采样品混合成 1 个样	采样 1 次/d
物资消毒间	(1)物资消毒间两侧走廊各 1 m^2 (2)储物架每层 1 m^2 以上所采样品混合为 1 个样	采样 1 次/d
	风险点 5:进猪场车辆	
饲料运输车	(1)驾驶室内方向盘、脚踏板、地面 (2)车头、轮胎、挡泥板、车厢底盘 (3)车厢外表不少于 1 m^2 (4)出料口(散装料车) 以上所采样品混合为 1 个样	到一级洗消点立即采样
运猪车	(1)驾驶室内方向盘、脚踏板、地面 (2)车头、车轮胎、挡泥板、车厢底盘 (3)车厢内侧壁不少于 1 m^2 (4)车厢漏粪板不少于 1 m^2 (5)车厢外表面不少于 1 m^2 以上所采样品混合为 1 个样	到一级洗消点或计划使用前立即采样

续表 5-1

采样项目	采样方案	采样频率
猪场办公用车	(1)驾驶室内方向盘、脚踏板、地面 (2)车厢内地板、后备厢地板 (3)车头、车轮胎、挡泥板、车厢底盘 以上所采样品混合为1个样	采样1次/d
	风险点6:进场物资	
同一来源或 同一批次物资	(1)物资外包装或暴露在外的面 (2)物资表面有把手或与手接触的地方 以上所采样品混合为1个样	进场前擦拭采样
	风险点7:猪场水源	
出水口	(1)水源源头 (2)蓄水池 (3)饮水器 以上所采样品混合为1个样	每周采样1次
	风险点8:猪场生产区	
洗消点	(1)停车地面不少于1 m^2 (2)消毒机手柄和开关 (3)物资间 以上所采样品混合为1个样	根据猪场风险,每周2~5次
出猪台(含二次转运站)	(1)出猪台净区道路、墙壁或工具 (2)灰区地面、墙壁或工具 (3)与外来车辆接触的脏区地面、墙壁或工具 以上所采样品混合为1个样	出猪前1 d
进生产区洗澡间	(1)洗澡间两侧走廊地面不少于1 m^2 (2)洗澡间两侧橱衣柜 (3)洗澡间地面 以上所采样品混合为1个样	根据猪场风险,每周2~5次
内部道路、公共设施设备	(1)各交叉路口不少于1 m^2,采3~5个样 (2)生产区转群车、设施设备,每3个公用设备混合为1个样 (3)生产区办公区书桌、地面等1个样 (4)药品仓库地面、储物架等混合为1个样	根据猪场风险,每周2~5次
无害化处理间	(1)周边道路每个点不少于1 m^2,采2个点 (2)无害化处理盖 (3)无害化处理消毒机的手柄和开关 以上所采样品混合为1个样	根据猪场风险,每周2~5次
猪舍	(1)采集进出门口的地面2个点 (2)采集猪舍内四个角和走廊3个点 (3)采集猪舍内风机口、料线等用品5个点 (4)需要调入与调出的栏位2个点 按以上方案采样,每栋猪舍样品混合为1个样	根据猪场风险,每周2~5次

续表 5-1

采样项目	采样方案	采样频率
风险点 9:猪源性物质		
如疫苗、猪精等	如猪瘟疫苗等随机抽样、猪精采混合样	疫苗每周 1 次,猪精为每头份
风险点 10:稳定猪群		
新进后备猪	采集 3～5 栏后备猪的口鼻拭子,每栏选 5 头猪,每栏猪的口鼻拭子混合为 1 个样品	到场当天即采样,后每周采样 2～3 次
母猪或大猪	每次选 2～5 栋,每栋采 5 头猪的口鼻拭子,同栋 5 个样品混合为 1 个样品	每周采样 2～3 次
靠近出猪台的母猪或大猪	选择靠近出猪台方向的母猪或大猪,优先采门口、窗边和进风口位置的猪,每栋采 3～5 个点,每个点采 5 头猪的口鼻拭子,5 个样混合为 1 个样	每周采样 2～3 次
临床突然表现异常症状猪只	逐头采集口鼻拭子,每头 1 个样	猪只出现食欲不振,高烧不退、皮肤发红、精神沉郁、扎堆等临床症状,立即采样
风险点 11:不稳定猪群		
临床表现异常症状的猪只	逐头采集血拭子,每头猪采 1 个样	猪只出现食欲不振,高烧不退、皮肤发红、精神沉郁、扎堆等临床症状,立即采样
风险点 12:猪场生活区		
食堂餐厅	(1)食堂所有冰箱的内壁 (2)食堂菜板 (3)餐厅桌面不少于 1 m^2 以上所采样品混合为 1 个样	每周采样 1～3 次
办公区域	(1)办公室、会议室书桌、地面各不少于 1 m^2 (2)走廊和各交叉路口地面不少于 1 m^2 (3)办公室桌椅 以上所采样品混合为 1 个样	每周采样 1～3 次
员工宿舍	(1)床单、被套、枕巾 (2)茶几和书桌 (3)地面 (4)洗澡间、水龙头开关 以上所采样品混合为 1 个样	每周采样 1～3 次

表 5-2 猪场采样检测信息表

样品编号	样品名称	样品种类	备注 1	采样人	备注 2
1	门卫	环境样	洗澡间、通道、物资消毒间	李 * 飞	
2	人员 1	环境样	李 * *	刘 * *	
3	人员 2	环境样	张三	张 * *	
4	车辆 1	环境样	小车：湘 D* * * * *	……	
5	车辆 2	环境样	饲料车：湘 D* * * * *		必检样品
6	物资 1	环境样	蔬菜、水果		
7	物资 2	精液	精液耳号		
8	病死猪 1	鼻拭子	7 栏 91 号死亡		
9	病死猪 2	血拭子	7 栏 92 号死亡		
10	异常猪	鼻拭子	7 栏 93 号(发热)		
11	异常猪	血拭子	7 栏 94 号(精神沉郁)		
12	异常猪	鼻拭子	7 栏 95 号(采食量低)		
13	办公室	环境样	地面、桌椅		监测样品
14	员工宿舍	环境样	地面、桌椅、床铺		
15	一区	环境样	配电箱		
16	一区	环境样	风机		
17	二区	环境样	门窗		
18	二区	环境样	饲料间		
19	二区	环境样	厕所		
20	二区	环境样	员工休息室		
21	二区	环境样	更衣室		
22	猪	鼻拭子	* * 栏		
23	猪	鼻拭子	* * 栏		
24	猪	鼻拭子	* * 栏		
25	猪	血拭子	* * 栏		
26	猪	血拭子	* * 栏		
27	猪	血拭子	* * 栏		
28	猪	血拭子	* * 栏		

送样人：　　　　送样时间：

二、猪场外部生物安全

(一)检测点生物安全

(1)每个规模猪场必须建立标准化规范检测点，配备专职检测人员 2 人，检测设备设施及实验耗材配备齐全。

(2)检测点须设立在猪场外部,选址及检测实验室布局合理。

(3)检测点是高风险区域,送样人员将样品送至指定地点,不得进入检测实验室,猪场其他人员如司机、场外办事人员等也不得与检测人员共用吃住地方。

(4)检测点门外设立样品存放点,由专人把样品送至存放点,再打电话通知检测人员拿样,禁止送样人员与检测人员有肢体接触。

(5)检测前,检测人员需要对样品进行细致检查,标识不清、不符合采样要求的样品要及时通知采样人,立即重采或区分清楚。

(6)检测点设立提取室及 PCR 检测室,超净工作台的使用须按功能分开。

(7)检测点须有规范化的样品处理流程及结果反馈流程。检测结果必须第一时间反馈给负责人,严禁结果外传。

(8)检测点若检出阳性样品,则当天必须及时做好消毒工作:超净工作台实验前后用 75%酒精棉擦拭、照紫外线灯 30 min,离心机用 75%酒精棉擦拭,移液器用 75%酒精擦拭,阳性样品及提取所用废液桶内耗材 65 ℃以上煮 30 min,PCR 扩增八连管内的产物泡 30% 84 消毒液消毒。

(9)检测点需定期对操作环境进行采样检测及消毒。每周至少采样 1 次检测实验室的环境样品进行检测,采样点为分样台、超净工作台台面、离心机内盖等。每周至少 1 次对所有通电仪器用 75%酒精消毒。

(二)外部人员进场生物安全

(1)外部人员确因特殊情况需要进猪场,须由猪场负责人向分管领导请示批准。

(2)先到猪场指定隔离点采样检测,若检测不合格,则要求其返程。检测合格后在隔离点隔离一晚,并在隔离点洗澡、换上猪场外部人员专用衣物(红色)和鞋子,将所有携带物品存放在隔离点。

(3)联系猪场专人做好第 2 天接人的相关准备工作。

(4)第 2 天进猪场生活区大门须严格执行下列洗浴消毒程序:

①进门前清洗鞋底,将脚踏入 2%~4%烧碱溶液消毒盆、对鞋底消毒。

②进门后,把手放入 1∶50 的碘制剂溶液消毒盆消毒。并用消毒棉片将准许带入办公区的物品(眼镜、手机、充电器、钱包等)擦拭消毒。

③将擦拭完毕的物品放入传递窗内(确保传递窗的紫外线灯已正常开启,传递窗门已关好)或戊二醛消毒柜内消毒 10 min 以上。

④将衣物全脱光,衣物品全部放入衣柜,再在消毒柜拿上毛巾、拖鞋进洗澡间洗澡(进入洗澡间后,不允许再返回更衣室)。

⑤洗完澡后,进入穿衣室,在指定衣柜拿放置好的衣物(粉红色),并穿上鞋架上的鞋子,打开传递窗或消毒柜,拿出物品进入办公区。

(5)进入生活办公区后,做好下列工作:

①联系相关工作人员安排食宿。

②生活区净化 1 天 1 晚,在规定区域内活动。第 3 天早上,生产人员联系进生产区洗浴室管理员,进入洗澡间洗浴消毒。

(6)进生产区严格执行下列洗浴消毒程序:

①将在生活办公区穿的衣物和鞋全脱下，放在第一通道内，禁止将衣物和鞋带入洗澡间。

②全身彻底洗干净，并将手机、充电器、眼镜等必需品用消毒棉片擦拭干净。

③在第二通道换上预先留在柜子里的衣物（蓝色）、穿上防疫鞋。

④踩踏消毒池进入生产区。

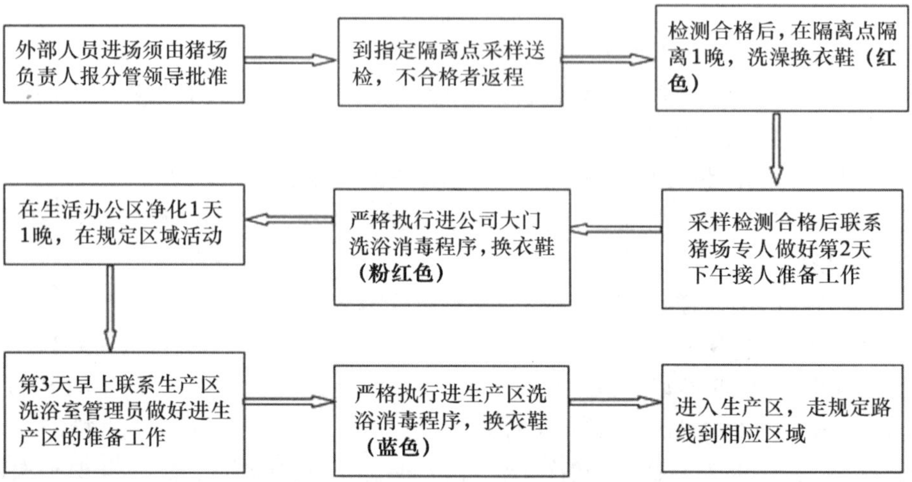

图 5-3 外部人员进场防非工作流程

（三）隔离点生物安全

（1）猪场必须设置场外隔离点及生活区隔离点，隔离点须有专人管理。

（2）场外隔离点主要用于进场人员及物资的隔离净化，经检测合格的人员及物资，可根据实际情况在猪场场外附近处租赁房屋住宿隔离净化及物资仓库中转。

（3）隔离点须有单独洗澡间及卫生间，并配备洗衣机、热水器、床、被子等生活物品。

（4）人员隔离完成后须对人员住处地面用 1∶200 的戊二醛溶液拖地消毒，更换被套被单等，并对房间进行熏蒸消毒 30 min，关闭门窗 12 h 以上。

（5）外购物资在隔离仓库转出后，也须对该仓库用 1∶200 的戊二醛溶液拖地消毒，并对房间进行熏蒸消毒 30 min，关闭门窗 12 h 以上。

（6）保证隔离点卫生的干净整洁，并定期对隔离点外环境、房间、浴室、洗手间进行采样送检，通过风险评估查漏补缺。

（7）员工在隔离点隔离期间按猪场要求在规定区域范围内活动，吃饭也由专人配送至隔离区域。

（四）烘干房生物安全

图 5-4 猪场入口烘干房

（1）猪场烘干房（图 5-4）是用于运猪车辆、散装料车等高温消毒的有效工具，其配置大小规格须能满足运猪车辆和散装料车的高温消毒，一般高度不低于 5 m，长度不少于 13 m，宽度不少于 5 m，配备足够多的柴油热风机以满足 70 ℃以上高温烘干的需要。

(2)烘干房可用于柴油运输车辆、能耐受高温的物资等的烘干高温消毒。

(3)烘干房必须指定专人负责管理，负责人员必须熟悉设备的使用条件、技术参数、安全要点。严格按操作规程使用柴油热风机，以确保安全；每次开机前都要检查设备是否正常，油料是否够用，有无油电渗漏，发现问题及时修复；作业过程中，负责人员不得离岗，必须细心观察和操作，遇到异常立即停机。

(4)烘干房内应经常清扫，保持洁净；不得存放杂物，更不能有易燃易爆、挥发性物品。车辆进入前，要对其进行检查，车上不得有打火机、液化气、香水、灌装碳酸饮料等易燃易爆物品。

(5)烘干房外要配备 200 L 塑料桶 1 个、手提水桶 1 个、干粉灭火器 2 个，塑料桶中长期盛满清水，以备消防用。烘干房设备如表 5-3 所示。

表 5-3　烘干房设备一览表

项目	主要设备	性能说明	单位	数量
1	PLC 智能触摸屏控制箱	一键启动，有效烘干温度倒计时，触控屏设置参数，升温速度快，实现最低能耗	套	1
2	烘干消毒燃烧主机	工业型专用燃烧机，符合环保要求、输出热功率 400 kW	套	1
3	烘干消毒燃烧箱体	内循环一体型燃烧室，材质为 3 mm 厚钢板，不锈钢内胆，带排烟装置	套	1
4	烘干消毒燃烧主机风机	耐高温高湿电机和风机，功率 5.5 kW	套	1
5	高温消毒房体	尺寸：长 15.5 m×高 4.8 m×宽 5 m。内壁及风管、风槽采用镀锌板制作，外壁采用彩钢板，墙板内壁之间填充纤维岩棉绝热层	套	1
6	温度监测探头	安装在左右两侧，测量温度取平均数	套	4
7	内循环通风管道	镀锌卷板进风管道 1 套和回风管道 1 套，风速内循环，可将室内顶部冗余的热量进行有效利用，降低能耗	套	1
8	设备支架	3 mm×3 mm 镀锌角铁焊接	套	1
9	布线辅料	镀锌铠装波纹管、镀锌线槽、支点等	批	1
10	储油箱	储油量 50 L，不锈钢材质	套	1
11	安装辅料	阀门，镀锌穿线管耐高温高湿，4 mm×4 mm 角铁固定房间内部风机，膨胀螺栓，导风板焊条、碳钢焊条、不锈钢焊条等辅料	批	1

(6)运输车辆进入前，确保已严格按流程清洗干净并经喷雾消毒，要尽可能沥干水分；烘干房运行时要保证操作程序规定的烘烤温度、烘烤时间，每车次都要做好详细的记录。

(7)运输车辆烘干消毒操作

①车辆进入(注意热风机的出风口不能对着轮胎、油箱、油布等易燃部位)后打开驾驶室车门，关好烘干房门窗。

②打开所有柴油热风机,确认都已点火并喷射热风,将房内温度迅速升至 70 ℃。

③仔细观察温度变化,不断调整柴油热风炉的开启台数,保证温度基本符合要求,70 ℃维持 30 min。

④关机,等待 10 min 后再开门,车辆出库。

(五)车辆洗消点生物安全

(1)猪场各车辆洗消点均须设专人管理,并安装视频监控系统。

(2)车辆洗消点应选择在地势平整且路面硬化、排水性能良好,离主干道有一定距离,为猪场相关车辆消毒专用,无关车辆不得进入该区域进行洗消。

(3)车辆洗消点需配备移动消毒平台、高压清洗消毒机、臭氧消毒机、戊二醛等消毒液、泡沫清洗剂、拖把抹布、防护服及鞋套等。

(4)猪场一级洗消点一般建在离猪场约 3 km 范围处,是猪场“车流”防非洲猪瘟(ASF)的第 1 关,所有需要到猪场去的相关车辆均在此进行严格的洗消。在洗消前,对运送物资、饲料、猪只等外来车辆、司机及随行人员等必须进行检查及采样检测,若车辆上有残留粪污或检测结果不合格,必须立即离开返回。有专人将检测合格的车辆严格按相关车辆洗消流程进行操作,并做好登记。

(5)猪场二级洗消点一般建在猪场大门外附近,并建有用于经一级洗消点消毒车辆的再次消毒,运猪车、散装料车、袋装料车等能进行高温消毒处理的车辆均在此进行严格的烘干操作,并做好登记。未经一级洗消点消毒的外来车辆严禁进入二级洗消点。

(6)猪场三级洗消点是指猪场大门口(包括猪只中转站门口),车辆在此进行再一次的消毒。要尽量控制车辆只到三级洗消点为止,除非别无选择,随车人员不得入内。车辆若要进入场内,司机需严格按公司门卫消毒管理要求执行洗澡更换衣鞋等防疫措施。未经二级洗消点消毒的外来车辆严禁进入三级洗消点(图 5-5)。

图 5-5 猪场入口三级洗消点

车辆洗消烘干流程为:车辆预冲洗后停放于洗消中心指定清洗车位→人员洗澡消毒更换防疫鞋服→驾驶室清洗、消毒→清洗车辆顶部→清除车厢内粪便→清洗车辆车厢内部→清洗车辆底盘→清洗车辆外部,清洗干净后对车辆整体泡沫喷洒→15 min 后用热水高压进行全方位清洗→对车身喷洒消毒剂→车辆进入烘干房→30 min 车辆烘干消毒(高温高压清洗系统出水温度要求 70 ℃以上,车辆烘干房要求各区域温度均匀并达到 60~70 ℃,保持热空气循环持续 30 min)。

(7)猪场四级洗消点是指猪场生产区大门,严禁外来车辆进入。所有需要进入生产区的车运物资、猪只等均须经消毒、隔离等措施处理后再经场内专车中转进入生产区。

(8)猪场各级洗消点须做好平时的采样检测风险评估工作,及时查漏补缺。

(六)二次转运站生物安全

(1)二次转运站的选址应离猪场 1 000 m 以上,100 m 范围内无住户,交通方便。

(2)二次转运站应规划建设卸猪区、上猪区、车辆洗消区、休息区等几个功能区,各区域有严格的边界或围挡,特别是卸猪区与上猪区要由实体墙或挡板隔开,作业区域严格分开不能重叠;有供水管、排水沟、清洗消毒设备,地面不积水,水流方向由卸猪区流向上猪区。

(3)外销车辆与自备二次转运车,出入站时分别有独立通道,不能有交叉,两种车辆按规定道路行驶。

(4)转运站管理员设 2 人(若非常设人员,则每次进入中转站前必须进行非瘟检测,洗澡换衣换鞋),上猪区与卸猪区各 1 人。管理员凭车辆的检测、消毒烘干证明才允许车辆入站,并引导站内车辆行驶路线,监督站内人员的活动范围,严格限制客户入站人数。卸猪人员和装猪人员要严格分开,禁止交叉走动。

(5)二次转运车司机在转运站不能下车,卸猪人员负责将二次转运车卸猪后在转运站洗车坪将车辆清洗干净、全车 1∶200 过氧乙酸或 1∶150 戊二醛彻底消毒后在站内停留 10 min 沥干水分,再开往烘干室烘干备用。

(6)每次销售任务完成后,转运站管理员按照各自管理的区域清洗卸猪台、上猪台、赶猪过道,并用 1∶200 过氧乙酸或 1∶150 戊二醛彻底消毒。使用前要进行非洲猪瘟(ASF)环境抽样检测,非洲猪瘟(ASF)检测呈阴性,全面消毒后方可使用。

(7)装卸猪人员离开装卸区时,需将雨鞋洗刷干净(特别是鞋底)并经 1%～5%烧碱溶液消毒池踩踏,把手放入 1∶50 的碘制剂溶液消毒盆中浸泡。

(8)转运站管理员要每次及时做好销售、检测、消毒相关记录。

(七)袋装饲料入场生物安全

(1)运送袋装饲料的车辆须是猪场专用的且便于消毒的厢式货车,车辆装袋装饲料前,须对车辆及司机进行采样检测,检测合格后才能装送袋装饲料。

(2)饲料车到离猪场 3 km 处一级洗消点后,由猪场采样人员对饲料车、司机、袋装饲料等进行采样送检,检测合格后使用移动式消毒平台对运输车进行清洗消毒,主要清洗消毒驾驶室、车头、轮胎、挡泥板、底盘、车辆外壁及车辆顶部等位置。

(3)车辆到达猪场大门后,使用移动式消毒平台再次对饲料车进行泡沫消毒,然后进入烘干房,维持 70 ℃烘干 30 min 以上。

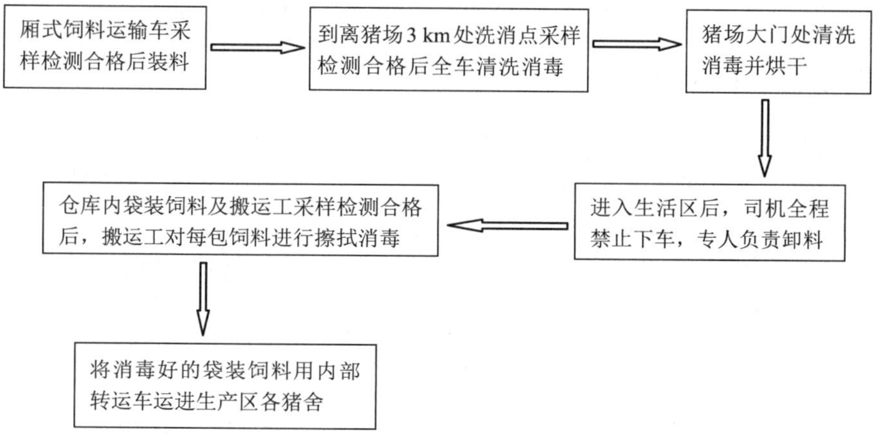

图 5-6　袋装饲料入场防非工作流程

(4)袋装饲料车进入猪场大门后全程严禁司机下车，到生活区饲料仓库后，由猪场安排专人负责卸货，整齐有序排好。

(5)对饲料仓库内的袋装饲料进行采样检测，检测合格后指定猪场饲料搬运工，对每包饲料用消毒液进行擦拭消毒，装入猪场内部饲料转运车(已消毒并检测合格)再送入生产区饲料仓库。

(6)猪场袋装饲料装卸人员工作前须采样检测合格，工作前也须换用消毒好的工作服及鞋。

(7)每天对饲料仓库进行用有机氯烟熏剂进行熏蒸消毒并做好详细记录。

(八)散装饲料入场生物安全

(1)散装料车到离猪场 3 km 处一级洗消点后，由猪场采样人员对散装料车和司机等进行采样送检。

(2)检测合格后使用移动式消毒平台对运输车进行清洗消毒，主要清洗消毒车头、轮胎、挡泥板、底盘、驾驶室地面、方向盘、打料操作开关、罐车壁及车辆顶部等位置。

(3)散装料车到达猪场大门后，使用移动式消毒平台再次对饲料车进行泡沫消毒，然后进入烘干房，维持 70 ℃烘干 30 min 以上。

(4)若场外能直接打料进料塔，则司机下车在场外操作时须穿着一次性防护服、戴帽、戴手套、换雨靴，场内工作人员负责打开料塔盖配合操作。

(5)若场外不能直接打料进料塔，则需要进行场内专用散装料车的二次中转。

(6)打料完成后对车辆停放点进行消毒并做好详细记录。

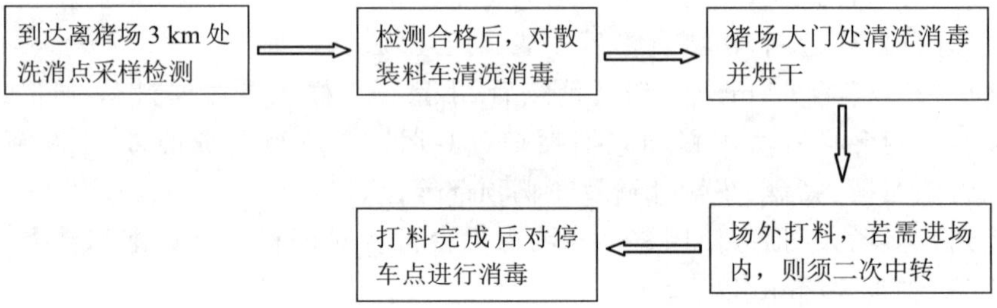

图 5-7 散装饲料入场防非工作流程

(九)机物料入场生物安全

(1)采购或配送的机物料(含水果、烟、槟榔等食品)先送至猪场固定隔离点仓库。

(2)猪场采样人员在隔离点对机物料进行采样送检，采样人需戴上一次性 PE 手套，用医用纱布进行采样，每个类型物品采取 1 个样。

(3)样品检测合格后，由专人将机物料送至猪场大门处，门卫对物品进行分类消毒：能耐受高温的物品可进行烘干，不能耐受高温的物品用消毒液浸泡消毒，不能耐受浸泡的物品用超声波雾化消毒，消毒完成后方能搬至生活区仓库，并做好详细消毒记录。

(4)生活区机物料仓库每天用有机氯烟熏剂进行 1 次熏蒸消毒。

(5)机物料进生产区时，在生产区门口消毒间再进行 1 次彻底的消毒。

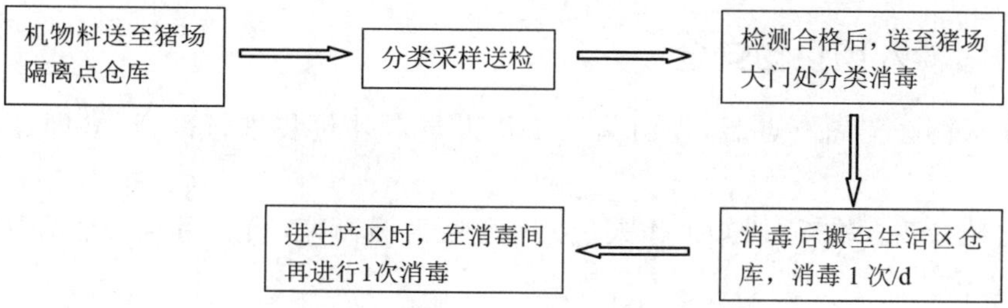

图 5-8　机物料入场防非工作流程

(十)食堂菜品入场生物安全

(1)由猪场办公室人员联系供货商将菜品配送至猪场固定隔离点。

(2)猪场采样人员在隔离点对菜品(食堂外的可送至食堂)进行采样送检，采样人需戴上一次性手套，用一次性医用棉签对菜品进行采样，每个菜品采1个样。

(3)样品检测为阴性后，由专人送至猪场大门处，门卫对菜品进行分类消毒：能耐受高温的菜品可进行烘干，不能耐受高温的菜品用消毒液浸泡消毒，不能耐受浸泡的菜品用超声波雾化消毒，消毒完成后方能搬至食堂，并做好详细消毒记录。

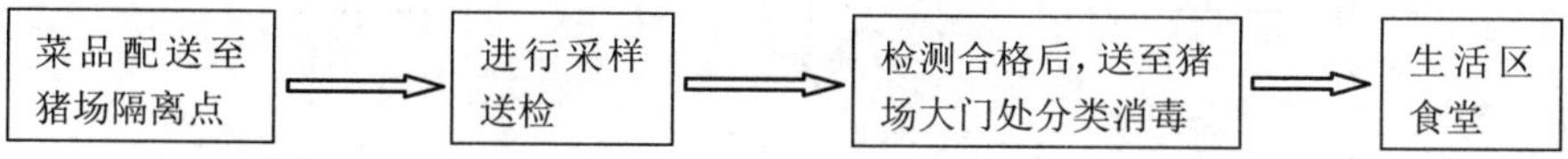

图 5-9　食堂菜品入场防非工作流程

(十一)药品疫苗入场生物安全

(1)药品疫苗统一配送至猪场隔离点仓库，猪场采样人员戴上一次性 PE 手套，用医用纱布对药品外包装进行擦拭采样，每类货品采取为1个样品，按采样方案采样后立即送检。

(2)检测合格后，由猪场专人专车送至猪场大门处，猪场门卫将药品疫苗外包装进行拆包，拆包后的包装立即集中焚烧处理。

(3)猪场门卫将拆包后的药品疫苗进行分类消毒：能耐受高温的药品可进行烘干，不能耐受高温的药品疫苗用消毒液浸泡消毒，不能耐受浸泡的药品用超声波雾化消毒，并做好详细消毒记录。

(4)药品疫苗消毒完成后方能由专人搬至药房，做好入库登记，药房每天用有机氯烟熏剂进行1次熏蒸消毒。

(5)药品疫苗由生产区领用出库时再进行1次彻底的熏蒸消毒。

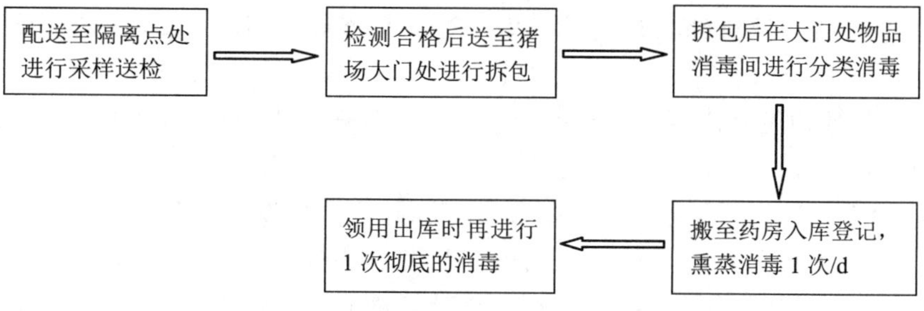

图 5-10　药品疫苗入场防非工作流程

(十二)猪精入场生物安全

(1)外来猪精送至隔离点后,先由猪场工作人员对外包装进行采样,立即送检测点进行检测。

(2)外包装检测合格后,通知工作人员把外包装薄膜撕掉,然后用安灭杀消毒液将猪精包装箱进行消毒。

(3)消毒处理后,工作人员将猪精送至公司门卫处恒温冰箱,由工作人员再次对猪精进行采样,立即送检测点进行检测。

(4)猪精检测合格后,于第 2 天移送生产区恒温冰箱。

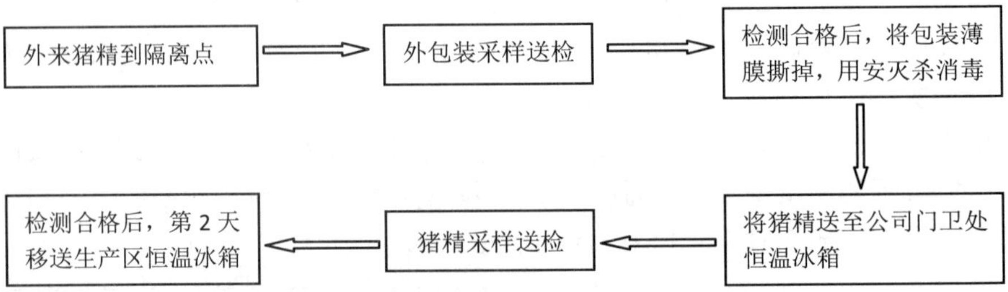

图 5-11　猪精入场防非工作流程

(十三)外运猪车生物安全

(1)销售员需先对车辆的外观、车厢进行检查,如发现有遗留粪便、车辆不干净等问题,遣回,干净车辆由检测员进行取样检测,检测结果呈阴性后进行清洗消毒。

(2)外运猪车凭检测证明到洗消中心按规定洗消(两洗一泡两消,先整车清洗干净,5 min 后,打泡沫剂,待车辆表面泡沫干至仅剩 10%时,再用清水清洗干净,5 min 待水沥干,全车 1∶150 戊二醛彻底消毒,驾驶室用 1∶200 过硫酸氢钾擦拭,间隔 15 min,同种消毒方法再次彻底消毒)。

(3)完成洗消流程后,凭洗消证明按要求路线行驶到外来运猪车烘干房烘干,65～80 ℃,30 min,然后按规定线路行驶至中转站,司机同时把烘干证明交中转站管理员。

三、猪场内部生物安全

1.猪场大门生物安全

(1)猪场大门一般指进生活区大门、生产区大门、中转站大门,在大门处设有门卫室、淋浴间、车辆消毒池、物资消毒间、烘干房、人员消毒通道等,是防疫重地,必须设有视频监控系统。

(2)猪场大门处均设有门卫室,有专职门卫 24 h 驻守值班,除非有人员、物资、车辆等的进入,其他时间都处于紧闭状态,未经猪场负责人批准,严禁外来人员进入。

(3)猪场大门处实施严格的界线管理,内外严格分开,并设有明显的标识管理。所有进入场内的人员、物资、车辆等均须在此按要求进行严格的消毒。

(4)猪场大门处消毒池消毒液(1%～5%烧碱溶液)一般保持 15 cm 深度,每周更换 2～3 次。配备消毒洗手盆,使用 1∶50 的碘制剂溶液,所有人员进入必须洗手消毒。

(5)猪场大门处设立物资消毒间,针对不同物资使用烘干、超声波雾化、烟熏、消毒液浸泡、擦拭等方法进行严格消毒。

(6)猪场大门处需配备戊二醛物品专用消毒柜,人员随身所带手机、充电器、钱包等必需品确需进入时,须经消毒液擦拭,并放入专用消毒柜进行彻底消毒 1～2 h 及以上,方能进入。

(7)每周至少 1 次定期对猪场大门处采样送检,通过检测风险评估,及时查漏补缺。

(8)门卫对人员、物资、车辆等的进出以及消毒情况要做好登记。

2.淋浴间生物安全

(1)一般在进猪场生活区、生产区、中转站等处门口设有淋浴消毒间,用于人员进入该区域时的洗澡、更换专用工作衣鞋等的严格消毒。

(2)淋浴间(图 5-12)应有区分明显的脏区、浴室、净区规划,安装有升温设备设施,保障整个淋浴间温度不低于 25 ℃,洗澡时打开浴室龙头出热水时间不超过 10 s。

(3)人员进入淋浴间消毒流程为:人员进入脏区脱掉全部衣物、鞋子放置于脏区指定的衣柜内。然后进入浴室,穿上浴室专用拖鞋,用配备好的洗发液、沐浴露将全身从头至脚清洁干净,取下浴室专用毛巾擦干全身进入净区。净区配备有吹风机,将头发吹干后,从净区衣柜取下换用的专用工作衣鞋,走出沐浴间。

(4)淋浴间脏区和净区分别配有洗衣机,脏、净区衣服均有颜色区分,洗衣消毒时不能混淆。

图 5-12 猪场淋浴间

(5)淋浴间的卫生应每天都维持干净整洁、物品放置有序。淋浴间地面使用 1∶200 戊二醛溶液进行拖地消毒,淋浴间关闭门窗室内熏蒸消毒 30 min 以上,每天消毒 1 次。

(6)从场外进生产区的人员必须经猪场隔离点洗澡更换衣鞋(红色)、猪场生活区淋浴间洗澡更换另一种颜色衣鞋(粉红色)、生产区淋浴间洗澡再次更换第 3 种颜色衣鞋(蓝色)后才能进入生产区。

(7)每周至少 1 次对淋浴间环境采样送检,进行风险评估,及时查漏补缺。

3.猪场员工休假离场生物安全

(1)猪场员工休假需向主管领导递交申请并填写请假条、签订承诺书(承诺离场期间严守猪场生物安全管理规定),领导签字同意后,带上请假条 2、3 联。

(2)联系生产区门卫出消毒通道铁门,将回场要穿衣鞋放置在生产区洗浴室第 2 通道柜子里,将请假条第 2 联交给猪场办公室查验。

(3)将请假条第 3 联交给猪场大门门卫,门卫查验并做好登记离场手续。

(4)在猪场大门洗浴室完成更衣程序,脱光公司生活区衣鞋,换上场外专用衣鞋。

(5)离场到隔离点换上自己的衣鞋休假。

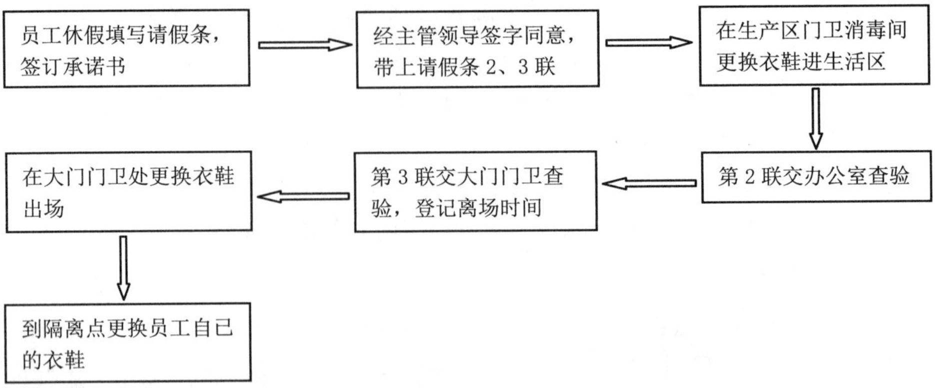

图 5-13　猪场员工休假离场防非工作流程

4.猪场员工返场生物安全

(1)休假员工返场先联系猪场办公室专职人员，对接好入场消毒事项。

(2)先到猪场指定隔离点采样检测，检测合格后在隔离点隔离 1 晚，并在隔离点洗澡、换上猪场衣物(红色)和鞋子，将所有携带物品存放在隔离点(若检测不合格，予以处罚，安排去隔离点隔离净化，直至采样检测合格后再去隔离点隔离)。

(3)第 2 天上午 9:00 前需从隔离点步行到猪场大门，联系门卫做好接人的相关准备。

(4)进猪场大门须严格执行下列洗浴消毒程序

①进门前清洗鞋底，将脚踏入 1%～5%烧碱溶液消毒盆、对鞋底消毒。

②进门后，把手放入 1 ∶ 50 的碘制剂溶液消毒盆消毒，并用消毒棉片将准许带入办公区的物品(眼镜、手机、充电器、钱包等)擦拭消毒。

③将擦拭完毕的物品放入传递窗内(确保传递窗的紫外线灯已正常开启，传递窗门已关好)或戊二醛消毒柜内消毒 30 min 以上。

④将衣物全脱光，衣物品全部放入衣柜，再在消毒柜拿上毛巾、拖鞋。进洗澡间洗澡(进入洗澡间后，不允许再返回更衣室)。

⑤洗完澡后进入穿衣室，在指定衣柜拿放置好的衣物(粉红色)，并穿上鞋架上的鞋子，打开传递窗或消毒柜，拿出物品进入办公区。

(5)进入生活办公区后，做好下列工作

①进入生活办公区，联系猪场相关工作人员安排食宿。

②生产区休假返场人员在办公区隔离期间，按正常工作时间在会议室进行学习(如生物安全知识等)，猪场办公室专职人员负责监督到位。

③第 3 天早上，生产人员联系进生产区洗浴室管理员，进入洗澡间洗浴消毒。

(6)进生产区严格执行下列洗浴消毒程序

①将在生活办公区穿的衣物和鞋全脱下，放在第 1 通道内，禁止将衣物和鞋带入洗澡间。

②全身彻底洗干净，并将手机、充电器、眼镜等必需品用消毒棉片擦拭干净，将擦拭完毕的物品放入传递窗内(确保传递窗的紫外线灯已正常开启，传递窗门已关好)或戊二醛消毒柜内消毒 30 min 以上。

③在第 2 通道换上预先留在柜子里的衣物(蓝色)、穿上防疫鞋。

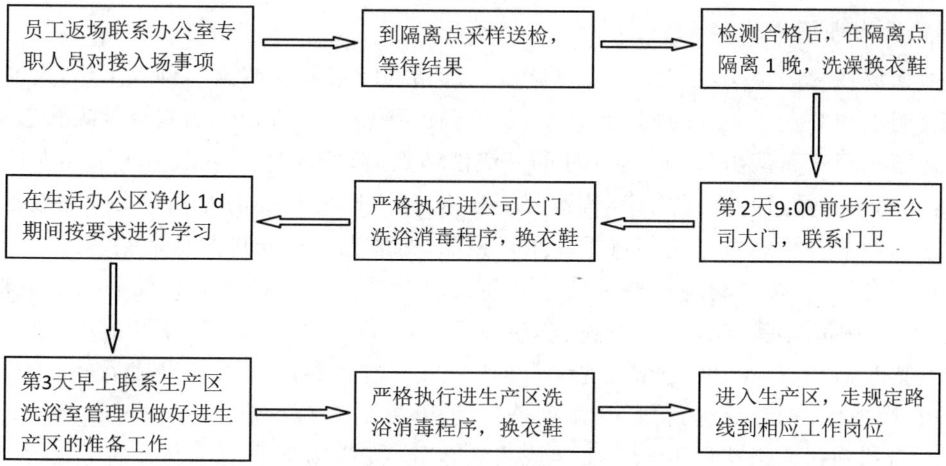

图 5-14　猪场员工返场防非工作流程

5.场内中转运猪车生物安全

(1)场内中转运猪车由猪场负责人直接管理，有固定的安全地点停放。使用前按采样方法由猪场采样人员对场内中转运猪车、司机及参与调运工作人员、转运工具等进行采样检测。

(2)检测合格后，按猪场防非洲猪瘟(ASF)要求使用移动式消毒平台对场内中转运猪车进行彻底清洗消毒，清洗消毒部位为驾驶室、车头、轮胎、挡泥板、车辆底盘、车厢内外、漏缝板、车辆顶棚等。

(3)晾干后再将场内中转运猪车进行烘干操作，温度需达到 70 ℃以上持续烘干 30 min 以上。司机洗澡消毒换用专用工作服后，将烘干后场内中转运猪车开至场内猪只中转处消毒。

(4)场内固定工作人员将转运猪只装入场内中转车，司机全程禁止下车，出场时喷雾消毒。

(5)场内中转运猪车到达二次中转站后，用移动式消毒平台将车和猪彻底喷雾消毒，开至中转装猪平台，有专人负责从车上卸猪，其他人严禁上场内中转运猪车，司机全程严禁下车。

(6)卸猪后将场内中转运猪车在二次中转出口处彻底清洗消毒干净，返回猪场时在二级洗消点再彻底清洗消毒，并按要求进行烘干后，再去场内进行猪只中转工作。

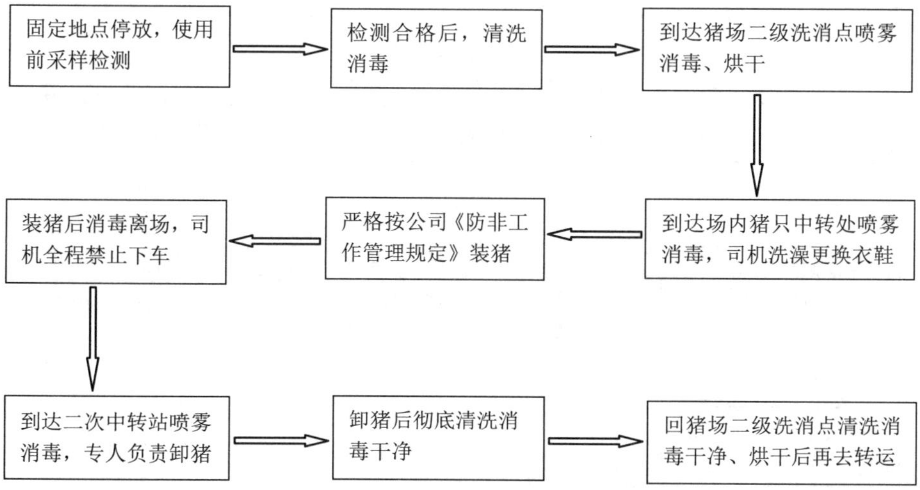

图 5-15　场内中转运猪车防非工作流程

6.养猪场内部调供运猪车生物安全

(1)由猪场技术部牵头组织协调安排猪场内部猪场间猪只的调出与调入工作,提前制订好调运计划,明确相关责任人,安排好运猪车,要求调出猪场与运猪车生物安全等级状态一致。

(2)运猪车到达离调出猪场 3 km 处的一级洗消点后,按采样方案由猪场采样人员对运猪车和司机及调运人员进行采样送检(若检测不合格,须立即离开洗消点返回出发地重新清洗烘干消毒,采样检测合格后再来洗消点重新采样检测,猪场也可再安排其他运猪车)。

(3)检测合格后,按猪场防非要求使用移动式消毒平台对运猪车进行彻底清洗消毒,清洗消毒部位为驾驶室、车头、轮胎、挡泥板、车辆底盘、车箱内外、漏缝板、车辆顶棚等。

(4)运猪车清洗 1∶200 过氧乙酸或 1∶150 戊二醛消毒后进入调出猪场外二级洗消点,在此先进行喷雾消毒,然后进行烘干,温度需达到 70 ℃以上持续烘干 30 min 以上。

(5)运猪车到达调出猪场外二次中转或出猪台处,按猪场防非要求再次进行 1∶150 戊二醛喷雾消毒,司机及调运员洗澡消毒后换用公司专用工作衣鞋。

(6)装猪时司机及调运员严禁上装猪台,只能在猪场规定区域内活动,办好相关运输手续,检查运猪车各项工作是否运行正常。

(7)装猪后所有参与人员须洗澡消毒并更换衣鞋,场外运猪车喷雾消毒离场,选择最快最安全路线,通知调入猪场预计到达时间。

(8)运输过程中,司机和调运员严禁下车,不得跟在其他猪车后,确保车厢内饮水及通风良好。

(9)运猪车到达离调入猪场 3 km 处的一级洗消点后,按采样方案由猪场采样人员对运猪车和司机及调运人员进行采样送检,并对运猪车进行彻底的喷雾消毒。

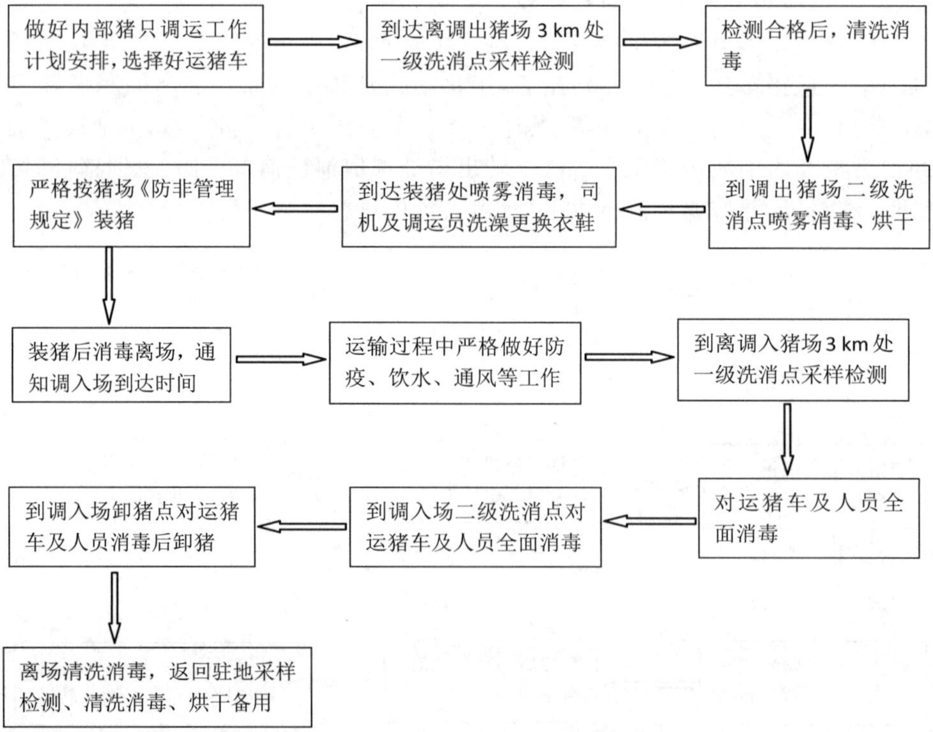

图 5-16 养猪点内部调供运猪车防非工作流程

(10)运猪车到达调入猪场二级洗消点再次进行喷雾消毒。

(11)运猪车到达调入猪场卸猪点再喷雾消毒1次,司机和调运员在卸猪点若要下车操作,需要穿一次性防护服及雨鞋,按猪场要求只能在规定区域内活动。

(12)卸猪后,运猪车及时离场到外面进行清洗消毒,返回驻地再进行采样检测、清洗消毒、烘干备用。

7.对外销售运猪车生物安全

(1)对外销售运猪车到达离猪场3 km处的一级洗消点后,按采样方案由猪场采样人员对运猪车和司机及调运人员进行采样送检,若检测不合格,须立即离开洗消点返程。

(2)检测合格后,按猪场防非要求使用移动式消毒平台对对外销售运猪车进行彻底清洗消毒,清洗消毒部位为驾驶室、车头、轮胎、挡泥板、车辆底盘、车厢内外、漏缝板、车辆顶棚等。

(3)对外销售运猪车清洗消毒后进入猪场外二级洗消点,在此先进行喷雾消毒,然后进行烘干,温度需达到70 ℃以上持续烘干30 min以上。

(4)对外销售运猪车到达猪场外二次中转处,按猪场防非要求再次进行喷雾消毒,司机及随车人员洗澡消毒后换用猪场专用工作衣鞋。

(5)司机及随车人员严禁上装猪台,只能在猪场规定区域内活动。

(6)装猪后所有参与人员须洗澡消毒并更换衣鞋,对外销售运猪车喷雾消毒离场。

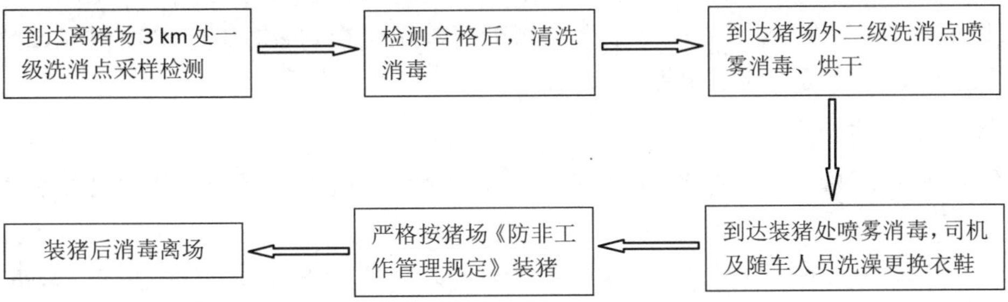

图5-17　对外销售运猪车防非工作流程

8.场内出猪台生物安全

(1)猪场内出猪台需设专人管理,安装视频监控,只出不进。一般建在猪场生产区围墙与中转区交叉口,设计上要与生产区严格分开,用颜色醒目的油漆划定生产区、中转区及场外边界。生产区、中转区和场外人员都不能逾越边界,所有人员物资等均不能倒流,只出不进。

(2)场内出猪台应选择建在猪场的下风方向、地势低处、猪场的远端,并与生产区内猪舍有尽可能长的距离(离猪舍500 m左右)。

(3)场内出猪台(图5-18)建设时要求生产区内高、外低,水只能往外流,猪车停放区必须水泥硬化,且有排水沟、供水消毒设施,以确保地面不积水。

(4)所有进场内出猪台的装猪车辆只有经严格履行了洗→检→消→烘净化程序的专属二次转运车(门卫检查检测、消毒、烘干证明)才允许到猪场出猪台装猪。

(5)猪场内赶猪通道、工具、工作人员及出猪台等在出猪前必须进行采样检测,若出现阳性必须立即停止,实施紧急消毒措施,经反复消毒采样检测合格后才能进行。

(6)出猪操作时,全程严防猪只掉头回走。各区域工作人员需明确各自的职责和工作区域,不能越界作业。要求生产区设专人负责猪舍外至出猪台赶猪或运猪工作,不能与猪舍内工作人员交叉，也不能与中转区出猪台工作人员交叉。过地磅统一由场外人员完成、打耳标统一由场内人员完成，经登记号码后，浸泡在 1∶200 的过硫酸氢钾的塑料盆中待用；赶猪上车由中转区出猪台工作人员负责，全程严防猪只进中转区后掉头回生产区和上猪车后掉头回出猪台；设有专人负责猪车的装猪工作。这些专职工作人员操作完成后，负责所经区域的彻底清洁消毒工作，消毒后自身需要更衣换鞋淋浴，并重新换新的工作衣鞋。

图 5-18 猪场内出猪台

(7)出猪操作的生产区舍外区域、中转区出猪台工作人员要穿专用工作服、鞋(颜色与其他不同)，工作完成后需全部换洗并消毒，不能用于其他人员穿着。

(8)场内中转区出猪台不能存猪过夜，需定期对区域进行采样检测，评估其风险因素，完善相应的防疫措施。

(9)经常保持出猪台及周边的卫生整洁，猪车到达后，将车辆从上到下，从里到外用1∶200 过氧乙酸彻底消毒；猪车走后，立即将整个区域彻底清洗干净，再次用 1∶200 过氧乙酸彻底消毒，特别注意杜绝场外的水越过边界流入场内。

9.猪场食堂生物安全

(1)有条件的猪场可以对食堂进行外移送餐操作，猪场生产区严禁从外部直接引入食材制做饭菜。

(2)定期对食堂环境进行采样送检，每周至少 1 次对食堂内桌椅、地面、切菜板、冰箱、菜品等进行采样送检。

(3)食堂操作间是高风险区域，严禁无关人员进入食堂操作间。

(4)出入食堂操作间通道要设消毒盆，对进出人员鞋底进行消毒。厨师工作期间，要穿白色工作服、戴白色工作帽，工作服、帽不能穿戴到其他地方。

(5)在食材供应方面，食堂猪肉自给，只允许采购鸡、鸭、鱼、蛋、豆制品、蔬菜、水果、米、面、油、调味品，严禁购买猪、牛、羊肉及副产品，严禁购买冷冻食品，不购买和加工凉菜。

(6)食堂工作人员不得去菜市场采购食材。外购食材每周采购 1 次，由专人进行配送。食材入场严格按照“菜品进场防非生物安全”执行。

(7)餐厅应明亮洁净，瓷砖地面、墙壁瓷砖到顶、桌椅齐备。要修有洗碗池，分别装有冷水和热水龙头。要配齐消毒碗柜，规定好每个员工碗筷的存放位置，并装有餐厨垃圾收集桶。

(8)生产区员工就餐统一由食堂专用餐具进行配送，经生产区大门消毒后进入生产区餐厅。员工进餐厅前应洗鞋，鞋底要特别清洗干净，不能将泥土、猪粪等脏污带入餐厅；饭前要洗手、洗脸，注意整洁。按需取食，不要浪费，讲究卫生。剩饭剩菜倒入餐厨垃圾收集桶。厨余垃圾必须掩埋或焚烧处理。清洗碗筷放入消毒柜指定位置。

(9)餐厅保洁，指定专人负责。每餐饭后，清洁桌面和地面。每天晚餐后，用毛巾沾洗洁精清洗桌面，用拖把沾洗衣粉清理地面，彻底清除油污，保持餐厅干净整洁。

10.猪场动物流生物安全

(1)猪场销售生猪时，只要赶出生产区，不管遇到什么状况都不得返回场内。

(2)生产区要做好防鼠设施，防止老鼠入场，并定期灭鼠。

(3)猪场门卫要守好各场大门，所有大门都改成封闭式，防止猫、犬等动物的进入，如有发现立即驱赶出场。

(4)猪场员工要经常将场内鸟儿驱赶出场，不让鸟儿在场内树上安巢栖息。

(5)猪场要经常性地开展灭蝇、灭蚊、灭蟑螂等灭杀其他虫类的工作。

(6)赶猪过道、水帘外侧、风机外侧、挂粪机出口等处要安装防蝇防蚊网。

四、猪场消毒

(一)猪场相关的消毒法

1.物理消毒

(1)紫外线消毒　主要用于猪场室内空气、物体表面等的消毒。在密闭条件下一般消毒时间为 15～20 min。

(2)火焰消毒　直接用火焰灭菌，用于猪场铁质的猪栏、地面、墙壁等的消毒。产床、漏缝板等可借助火焰消毒器进行。

(3)煮沸消毒　主要用于针头、金属器械、工作服、工作帽等物品的消毒。以水沸腾时算起，一般煮沸时间为 20～30 min。各类器械煮沸消毒时间如表 5-4 所示。

(4)焚烧消毒　主要用于病死猪尸体、垃圾、污染的杂草、地面和不可利用的物品器材的消毒。

表 5-4　各类器械煮沸消毒时间

消毒对象	时间/min
玻璃类器械	20～30
橡胶及电木类器材	5～10
金属类及搪瓷类器材	5～15
接触过疫病的器材	30 以上

2.化学消毒

(1)浸泡消毒　一般应洗涤干净后再行浸泡，对猪场的一些器械、用具、麻袋、衣物等用消毒液浸泡。猪场入口的消毒池和猪舍入口处的消毒槽内，可用消毒液的浸泡对人员靴鞋等的消毒。

(2)喷雾消毒　通过气泵将空气压缩，与稀释后的消毒剂混合，然后通过气雾发生器，使空气与消毒剂形成一定大小的雾化粒子，对密闭空间或物体表面进行消毒。即将消毒液经压缩空气雾化后喷洒猪场地面、墙壁、舍内空间、舍内固定设备等或猪的体表而进行消毒。

(3)熏蒸消毒　部分消毒剂通过化学作用，产生挥发性气体进行空气或物体表面消毒。熏蒸消毒主要用于大型密闭空猪舍、怕潮湿物品或狭小空间内物体的消毒。按照猪舍空间体积计算所需用的药品量，每立方米按照1个消毒浓度（福尔马林7 mL/m^3、高锰酸钾14 g/m^3）或2个消毒浓度（福尔马林14 mL/m^3、高锰酸钾28 g/m^3）进行熏蒸，发生重大疫情时按照3个消毒浓度（福尔马林21 mL/m^3、高锰酸钾42 g/m^3）进行熏蒸。其做法是：先用瓷盆（器）盛福尔马林，然后将高锰酸钾倒入，经几秒钟即见有浅蓝色刺激眼鼻的气体蒸发出来；此时人应迅速离开猪舍，将门窗关闭，经过12～24 h后方可将门窗打开通风。猪舍熏蒸时要密封，应将进出气口、门窗和排气扇等的缝隙糊严。也可用有机氯烟熏剂直接烟熏。

（4）擦拭消毒　用化学消毒液擦拭被污染物体表面或皮肤的消毒，适用易溶于水、穿透性强、无显著刺激性的消毒剂。主要用于电子器械、金属工具等小型物品消毒。

（5）泡沫消毒　通过泡沫发生装置，将液态消毒剂转化为气相泡沫形式黏附在物品表面，通过润湿、乳化、渗透、分散及增溶等作用方式，从而祛除有机质生物膜以达到深度消毒。通常用于有机质比较多的物品的消毒。

3.生物热消毒

是将被污染的粪便或患病动物尸体埋在一定深度的发酵坑或堆积一定的高度，通过粪便生物热和尸体的腐败，杀灭各种病毒、细菌（芽孢除外）、寄生虫虫卵等病原体的消毒。

（二）常用消毒剂

猪场常用的消毒剂有烧碱、戊二醛、消毒威、过硫酸氢钾、过氧乙酸、卫可（杜邦）、农福（杜邦）、甲醛、高锰酸钾、碘酊、酒精和甲紫等，各消毒剂的使用范围和浓度要求如表5-5所示。

表5-5　常见消毒剂的使用范围及浓度要求

类别	名称	常用浓度	用法	消毒对象
碱类	烧碱	1%～5%	喷洒	消毒池、道路
	生石灰	10%～20%	撒、刷	空栏消毒
醛类	戊二醛	1∶300～600	浸泡、喷雾	空栏消毒、带猪消毒、车辆消毒
	甲醛		熏蒸	猪舍内环境消毒
卤素类	有机氯	1%	喷雾	环境及带猪消毒
	碘类	2%～5%	喷雾	环境、人皮肤、带猪消毒
	聚维酮碘	1∶500	擦拭	环境消毒
	消毒威	1∶500	喷雾	空栏消毒、环境及车辆消毒
	有机氯烟熏剂		烟熏	空栏或物资消毒
氧化剂	过硫酸氢钾	0.1%或1∶200	浸泡、擦拭	皮肤、创伤、带猪消毒
	卫可	1∶200	浸洗	人皮肤、带猪消毒
	过氧乙酸	0.5%	喷雾熏蒸	猪舍内外环境消毒
	高锰酸钾		熏蒸	猪舍内环境消毒
酚类、酸类	农福	1∶(700～1 000)	喷雾	空栏消毒、带猪消毒、车辆消毒
醇类	酒精	70%～75%	外用、擦拭	皮肤创伤及器械消毒

注：带猪消毒的浓度也用于人的喷雾、洗手等消毒

(三)消毒要求

(1)消毒可以杀灭和抑制病原微生物扩散或传播，有效降低环境中病原微生物含量，切断病原传播途径。猪场内对隔离点、生活区、生产区都必须按照不同频率坚持消毒。

(2)场门、生产区以及生产车间门前必须设有消毒池，池内的消毒液必须保持有效的浓度，消毒液每周更换 2～3 次，每次更换要有记录，走道的消毒垫必须保持潮湿(消毒液浸湿)。

(3)进场前必须先用消毒液洗手，将手和暴露在外面容易接触到的手臂清洗干净，与消毒液接触 10 s，洗完后自然干燥；入场前必须喷雾消毒 60 s，达到全身微湿；脚踩消毒垫或消毒池 1 min。

(四)猪场后勤组消毒工作要求

1.门卫室

(1)大门外铺上消毒垫消毒，消毒垫上用 2%～4%烧碱液浸湿，每 2 d 加 1 次烧碱液，并做好详细记录。

(2)门卫室区域路面周边进行喷雾消毒，3 次/d，消毒时间为 8:00、12:00、17:00；消毒药物为 1∶500 消毒威及 1∶600 戊二醛交替使用，并做好详细记录。

(3)门卫室大门消毒池水需高于 15 cm，消毒池水需放置 1 包烧碱(图 5-19)，每 3 天更换一次消毒池水，并做好详细记录。

(4)所有采购物品需放置在门卫室消毒通道进行烟熏消毒，有机氯烟熏剂烟熏每次 1 包，烟熏消毒时间为 2 h 以上，并做好详细记录。

(5)外来人员进入生活区大门需进行沐浴消毒，全部更换为生活区工作服及鞋子，并对携带物品进行检查。检查合格后放置物品消毒间进行有机氯烟熏消毒 2 h，随身携带的电子设备如手机、手表等物需全部用酒精进行擦拭消毒，并做好详细记录。

(6)除饲料车外所有车辆禁止进场。饲料车进场需对饲料车进行喷雾消毒，消毒药选用 1∶300 戊二醛，并做好详细记录。饲料车司机需在大门外更换防护服，在场内禁止下车。

图 5-19　片状烧碱

2.生活区外环境

办公楼、宿舍区域路面及绿化地周边进行喷雾消毒，2 次/d，消毒时间为 10:00、15:00；消毒药物为 1∶500 消毒威及 1∶600 戊二醛交替使用，并做好详细记录。

3.办公区及宿舍

(1)办公楼内走道、办公室及宿舍楼走道需进行喷雾消毒，消毒时间为 8:00、15:00；消毒药物为 1∶500 消毒威，并做好详细记录。

(2)每天需对办公室办公桌椅进行擦拭消毒，消毒时间为 9:00 消毒药物为 1∶500 聚维酮碘或75%酒精，并做好详细记录。

(3)需保持宿舍整洁，对鞋子和工作服进行分区管理。

4.生活区沐浴间及药房

生活区沐浴间及药房需进行烟熏消毒，消毒时间为17:00，消毒药物为有机氯烟熏剂，每室1包，并做好详细记录。

(五)猪场生产线组消毒工作要求

1.猪舍

(1)猪舍内消毒由各阶段饲养员完成。每周2次舍内消毒，消毒剂可选择卫可或碘制剂，严格按照比例稀释，实行喷雾消毒。赶猪道、舍外道路、栋舍之间保持干净整洁，饲料间经常清理，保持整洁，保持走道清洁干净。

(2)猪舍门口消毒池水需高于15 cm，按1∶200消毒威进行配比，消毒池、洗手盆内的消毒液每周更换2次，保持池(盆)内的有效消毒药液不低于1/2的水位，更换消毒液时要彻底清洗消毒池、洗手盆。

(3)每天下班之前需对使用过的工具(如扫把、铁锹、拖把等)进行浸泡或喷雾消毒，消毒药物为1∶300戊二醛。

2.生产线路面环境

(1)生产线入口消毒池水需高于15 cm，每个消毒池水需放置1包烧碱，每3天更换1次消毒池水，并做好详细记录。

(2)生产线路面墙面、屋顶及绿化地周边进行喷雾消毒，3次/d，时间为8:00、12:00、17:00；消毒药物为1∶500消毒威及1∶600戊二醛交替使用，并做好详细记录。

(3)厨房餐厅地面及桌椅需进行喷雾和擦拭消毒，时间为8:00、14:00；消毒药物为1∶500消毒威用于地面消毒；1∶500聚维酮碘用于桌椅擦拭消毒，并做好详细记录(猪场生产线有厨房的单位)。

(4)食堂仓库每天需进行烟熏消毒，时间为19:00，使用有机氯烟熏消毒剂1包，并做好详细记录(猪场生产线有厨房的单位)。

(5)厨余垃圾进行深埋处理(猪场生产线有厨房的单位)。

3.员工宿舍及公共休息室

(1)宿舍需进行喷雾消毒，时间为12:00、18:00；消毒药物为1∶500消毒威。

(2)保持宿舍整洁，对鞋子、工作服进行分区管理。

(3)对公共休息室进行喷雾消毒，时间为8:00、16:00；消毒药物为1∶500消毒威。

(六)空栏(舍)消毒操作规程

1.清扫

(1)转走所有存栏猪。

(2)可能拆除及移走围栏、料槽、垫板、网架等设备。

(3)尽可能移走舍内所有物品。

(4)彻底清除排泄物、垫料和剩余饲料，确保清扫干净。

2.清洗(预消毒)

(1)喷水浸泡栏舍。

(2)高压冲洗　浸泡 6 h 后用高压水枪冲洗干净即可。

3.消毒(喷洒、浸泡、涂刷)

(1)喷洒泡沫清洗剂。

(2)喷洒泡沫清洗剂 30 min 后，再用清水冲洗干净。

(3)干燥 4 h 后再消毒(刷 20%石灰乳或消毒剂)。要求自上而下喷洒表面充分湿润，保证墙壁、地面及设备均得到消毒。

(4)晾干　确保有足够的空栏时间(产房 7 d，其他猪舍 5 d)。

4.定位

各种设备消毒后放回原处安装。

5.检查

对栏舍内所有仪器设备进行检查。一旦发现有不能正常使用的仪器设备，马上进行维修，并填写猪场猪舍设备检查表(参见附件二)。

【思考题】

1.什么是生物安全?

2.猪场生物安全体系建设内容包括哪些方面?

3.猪场采样有哪 12 个风险点?

4.猪场外部生物安全包括哪些方面?

5.简述车辆洗消烘干流程。

6.猪场内部生物安全包括哪些方面?

7.与猪场相关的化学消毒法有哪些?

8.猪场熏蒸消毒怎样计算所需用的药品量?

9.简述熏蒸消毒的操作程序。

10.简述空栏(舍)消毒操作规程。

二维码 5　猪场生物安全思考题及答案

项目二

母猪场饲养管理操作规范

任务六　母猪场工作岗位操作要求

【思维导图】

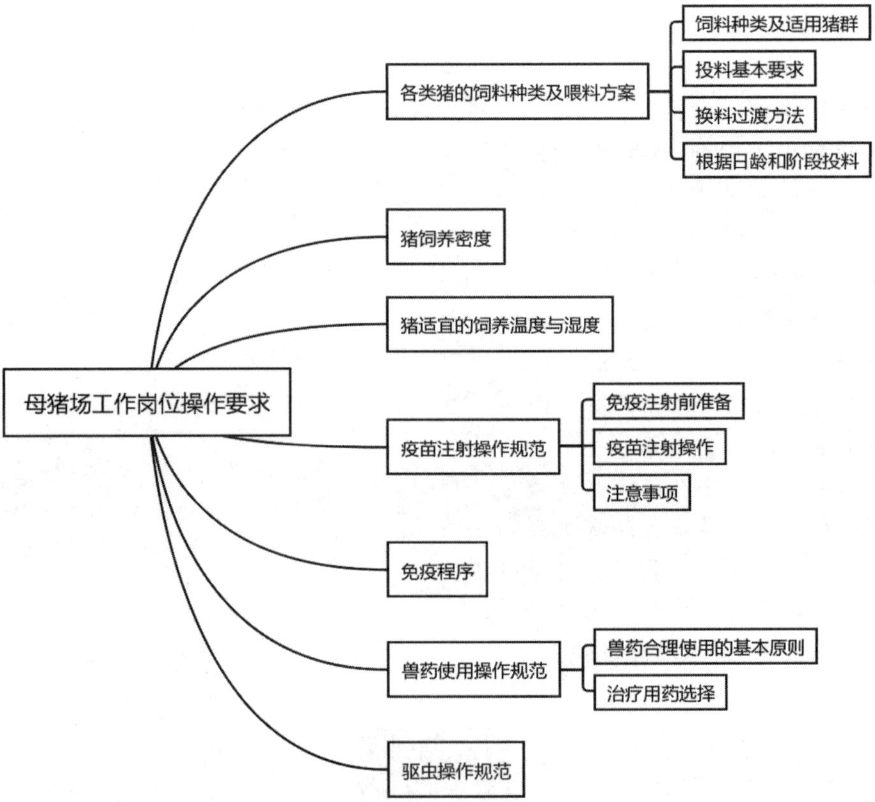

【工作目标】

1.掌握各类猪的喂料方案，实行精准营养，推动养猪业绿色发展；

2.掌握猪的饲养管理日常技术指标，实行精准饲养管理；

3.制定科学完整的免疫程序，规范疫苗注射操作，并定期监测危害生猪主要疫病抗体的消长情况；

4.加强猪群饲养管理与保健工作，提高猪群对疾病的抵抗力。

【职业素养】

1.实行精准营养，推动生态健康养殖；

2.实施乡村振兴战略；

3.具有爱岗敬业、精益求精、开拓创新和团结务实的劳动精神和工匠精神。

一、各类猪的饲料种类及喂料方案

1.饲料种类及适用猪群

饲料种类及适用猪群如表 6-1 所示。

表 6-1　饲料种类及适用猪群

饲料类别	适用猪群	备　注
教槽料	7～31 日龄，从 27 日龄开始过渡保育前期料	21 日龄断奶 100
保育前期料	31～49 日龄	100-1
保育后期料	仔猪 49 日龄—25 kg	100-2
后备料	后备母猪 55 kg—配种	500-1 二元母猪
三元后备母猪料	三元后备母猪 60 kg—配种	500-2
怀孕料	怀孕—上产床	500
哺乳料	上产床—配种	600
后备哺乳料	后备母猪上产房—配种	608
公猪料	种用公猪	700

2.投料基本要求

各岗位按投料规则投料、换料，有疑问应及时和技术人员沟通。必须遵循先进先投原则，生产日期在前的饲料要先投喂完，保证饲料不变质。投料动作要求准、轻、快，掉到食槽外的饲料要及时捡入食槽。

3.换料过渡方法

第 1 天换 25%，第 2 天换 50%，第 3 天换 75%，第 4 天全部换料。在往饲料车中倒饲料时，根据两种饲料用量，采取一层旧料加一层新料的方法，倒完后混合好，3～5 d 完成换料过渡。

4.根据日龄和阶段投料

根据猪的日龄、配种、妊娠阶段或产仔时间等按各自投料表中的数量区间逐步增加或减少，禁止突然大量加料或减料。

二、猪饲养密度

猪饲养密度如表 6-2 所示。

表 6-2　猪饲养密度

阶段	体重/kg	周龄	每头猪占面积/m^2	备注
保育	7.5～24	5～9 周	0.3～0.35	漏缝地面
生长	24～60	10～16 周	0.5～0.6	漏缝地面

续表6-2

阶段	体重/kg	周龄	每头猪占面积/m^2	备注
肥育	60～95	17～23 周	0.8	漏缝地面
后备母猪	110～140		1.1～1.2	漏缝地面
成年母猪	140～230		1.4～1.5	漏缝地面

三、猪适宜的饲养温度与湿度

猪适宜的饲养温度与湿度如表 6-3 所示。

表 6-3 猪适宜的饲养温度与湿度

猪的类别	日龄/d	适宜温度/℃	适宜湿度/%
哺乳仔猪	初生几小时	32～35	
	1～3	30～32	60～70
	4～7	28～30	
	7～14	25～28	60～80
	14～25	23～25	
保育猪	26～63	22～25	
公猪		18～20	
产仔母猪		17～20	60～80
空怀妊娠母猪		18～21	

四、疫苗注射操作规范

1.免疫注射前准备

(1)熟悉免疫程序　确定免疫的猪群、数量、疫苗种类、规格、剂量、稀释方法，了解使用方法及有关注意事项。

(2)领取疫苗　核对疫苗的有效期(3 个月以内到期的疫苗一律不用)、说明书与瓶签是否相符、包装有无破损、瓶盖是否封严等，发现过期或变质或失真空的疫苗不能使用，凡玻璃瓶有裂纹、瓶塞松动、油乳剂破乳以及药品色泽物理性状等与说明书不一致的疫苗不得使用。

(3)准备记录表格　特别是对有特殊情况(如疾病等)的猪，一定要做好记录，事后及时补注。参见猪场免疫记录表(附件三)。

(4)制定应激措施　预见可能出现的问题及处理办法，做好相应准备，如肾上腺素、地塞米松等。

(5)减少应激　准备好保定猪的挡板，尽量减少猪在保定时造成的应激。在种猪免疫前3 d，要添加多维等缓减应激的药物。

(6)针头选择　根据所免疫猪群的不同，选择粗细、长度合适的针头，并控制好注射速度。针头过粗或注射速度过快，疫苗液易逸出，造成免疫剂量不足，影响免疫效果。针头过长，由于猪只骚动易断针；针头过短，疫苗不能进入肌肉层，特别是中、大猪，造成疫苗吸收不良而影响免疫效果。猪肌内注射针头的长度和规格见表 6-4。

(7)注射器和针头消毒　注射器(要旋松)及针头等要清洗干净，再煮沸消毒 15～20 min。

用前组装好注射器和针头，必须吻合无隙，洁净畅通，不漏气。

表 6-4　猪肌内注射针头的长度和规格

猪只体重/kg	针头长度/mm	规格	备注
＜7	12	9 号，9×15，9×20	根据猪实际体重选择
7～40	25	12 号，12×20，12×25	根据猪实际体重选择
＞100	38	12～16 号，14×30，16×38	根据猪实际体重选择

2.疫苗注射操作

(1)首先做疫苗的真空试验(冻干苗)，失真空的不能用。检查油苗是否有沉淀、分层等现象。

(2)按疫苗说明书的方法稀释，并注意避免疫苗和稀释液之间的温度相差太大。

(3)吸药前，应先除去封口的胶蜡，并用 70％的酒精棉球擦净消毒。

(4)现用现配，稀释好的疫苗液必须在最短的时间(最多不超过 4 h)内用完。

(5)稀释和使用弱毒苗时，只能用手指接触疫苗瓶，不能紧握。

(6)液体疫苗使用前应充分摇匀，每次吸苗前再充分振摇，冻干疫苗加稀释液后，充分振摇，必须全部溶解，方可使用。

(7)注射部位应准确(在双耳后贴覆盖区域)，垂直于体表皮肤进针。注苗过程中，疫苗要避光避热，存放于有冰袋的保温袋中暂时保存。

(8)吸取疫苗液时注意更换针头，绝不能用已给动物注射过的针头吸取，可用 1 个灭菌针头，插在瓶塞上不拔出、裹以挤干的酒精棉花专供吸药用，吸出的药液不应再回注瓶内。

(9)注射前应将注射器内空气排净后方可注射。注射疫苗应防止消毒剂渗入针头或管内，以免影响疫苗活性，降低效价。

3.注意事项

(1)严格遵守免疫程序，按照日龄免疫，不漏注。

(2)接种疫苗前后应尽可能避免对猪群的剧烈操作(如转群、采血等)，防止猪群处于应激状态，降低机体的免疫机能而影响免疫效果。

(3)所有母猪的免疫接种要做抗应激的保健。

(4)注射器械严格洗净、煮沸消毒。有弯曲或堵塞针头要及时淘汰。

(5)注射疫苗气温高时应尽量在早晚注射，以减轻疫苗的反应。

(6)注意观察注苗后猪群的反应，个别猪会有体温升高、呕吐、减食等症状，1～2 d 可自行恢复，重者可注射肾上腺素注射液(0.1％)1～2 mL 或地塞米松 2～4 mL，消除过敏性休克。

(7)疫苗注射后，有出血现象的，要换个位置再补免 1 针。

(8)疫苗注射后的空瓶及过期或未用完的疫苗应予以烧毁或做其他无害化处理，所有容器、用具等必须经过严格的消毒处理，以防传播病原。

(9)冻干疫苗冰冻保存，液体油苗在 4～8 ℃保存。疫苗接种前要适度回温以减少应激，切不可超过 36 ℃。

(10)接种后完整填写免疫记录表，其中后备猪和仔猪要求按批次记录，每批后备猪和仔猪单独一张表。参见猪场免疫记录表(附件三)。

五、免疫程序

猪的免疫程序参见表 6-5。

表 6-5 猪的免疫程序

猪别	周(日)龄、月份	疫苗种类	注射剂量	使用说明
生产公猪	1、7 月上旬	ST™猪瘟苗	1 头份/头	
	2、9 月上旬	口蹄疫苗	2 mL/头	
	3、10 月上旬	伪狂犬苗	1 头份/头	
	4 月上旬	乙脑苗	1 头份/头	只免疫年轻公猪(小于 1.5 岁)
后备种猪	配种前 8 周(90～95 kg)	细小苗	1 头份/头	
	配种前 7 周(95～100 kg)	乙脑苗	1 头份/头	
	配种前 6 周(100～105 kg)	圆环＋喘气＋蓝耳苗	各 1 头份/头	混合后,接种 2 mL/头
	配种前 5 周(105～110 kg)	伪狂犬苗	1 头份/头	
	配种前 4 周(110～115 kg)	ST™猪瘟苗	1 头份/头	
	配种前 3 周(115～120 kg)	细小苗	1 头份/头	
	配种前 2 周(120～125 kg)	乙脑苗	1 头份/头	
	配种前 1 周(125～130 kg)	口蹄疫苗	2 mL/头	
初胎母猪	产前 6、3 周	副猪嗜血杆菌苗	1 头份/头	
经产母猪	1、7 月上旬	ST™猪瘟苗	1 头份/头	
	2、9 月上旬	口蹄疫苗	2 mL/头	
	3、10 月上旬	伪狂犬苗	1 头份/头	
	4 月上旬	乙脑苗	1 头份/头	
	5、11 月上旬	蓝耳弱毒苗	1 头份/头	
	6、12 月上旬	圆环苗	1 头份/头	
	断奶前 3 d	细小苗	1 头份/头	只免疫第 1、2 胎母猪
仔猪	1 日龄	伪狂犬苗	1 头份/头	滴鼻(每个鼻孔 1 mL)
	2 周龄	圆环＋喘气苗	各 1 头份/头	混合后,接种 2 mL/头
	3 周龄	副猪嗜血杆菌苗	1 头份/头	每年 11 月至次年 3 月
	4 周龄	猪瘟苗	1 头份/头	

说明：1.已引进种猪的免疫计划根据原有免疫记录情况执行,新引进后备种猪按照本计划执行。2.生猪调运时,调出单位和调入单位必须有免疫记录交接,便于制订后期免疫计划。3.每次疫苗接种后,必须有相应的免疫记录

六、兽药使用操作规范

(一)兽药合理使用的基本原则

(1)生猪养殖遵循以改善环境、加强管理为主,药物保健治疗为辅的原则。

(2)疫病坚持“三早”原则:早发现、早诊断、早治疗。

(3)按疗程用药原则:根据病情,连续 3～7 d,不间断。

(4)按规定剂量用药,严格按照兽药说明书的用药量给药。

(5)配伍用药:加强治疗效果。抗生素和化药 1 次不超过 2 种。

(6)中西结合用药原则:对症用药与整体调理结合,可以起到事半功倍的效果。

(7)饲料加药,不允许添加抗生素类药物,添加其他药物必须由执业兽医师开具兽医处方,饲料厂根据兽医处方加药。

(8)病弱猪隔离护理，个体治疗。

(9)使用抗生素类药物治疗时，必须有治疗记录表。参见猪场猪群治疗记录表(附件四)。

(10)禁止使用人用药品。

(11)注意配伍禁忌药物。

(12)严格执行药品的休药期。

(二)治疗用药选择

1.群体用药治疗方案

(1)群体用药优先选择饮水加药。所有猪场各栋舍饮水系统要求配备加药器。新调入猪群或对猪群采取预防性用药时，优先采用饮水加药。

(2)饮水加药时，药物使用剂量是饲料加药剂量的 2 倍。每次饮水加药时，只能添加 1 种药物，再添加第 2 种药物时，需先用清水清洗饮水加药管道。

(3)加药器使用完毕后，需立即用清水清洗加药器及饮水系统，避免饮水管道内形成生物膜，引起堵塞。

(4)不溶于水或遇水不稳定的药物不能用于饮水加药，如氟苯尼考等。

(5)猪群刚转入时，在猪群饮水中添加强力拜固舒等多维用于缓和运输应激；如遇到气温强烈变化等天气，在调猪群时，可在饲料中适当添加复方阿莫西林等保健药物。

2.个体猪只治疗方案

(1)发现有不吃料或发烧等的病猪时，及时对病猪进行隔离或标识，按照要求进行采样检测，排除非洲猪瘟影响后，对病猪个体进行治疗。

(2)发病个体要根据临床症状，对症下药，合理用药。猪的治疗方案可参考表 6-6。

表 6-6 猪的治疗方案

适应证	药物名称或类别	备注
母猪：		
(1)配种与断奶后预防子宫炎症	(1)青霉素 (2)头孢类药物 (3)冲宫药物	肌内注射
(2)产后保健	(1)利高霉素	饲料加药
	(2)青霉素输液	
	(3)链霉素、阿莫西林等	肌内注射
(3)无发烧症状厌食	(1)氨基酸或多维 (2)仔猪开食料	饮水加药
(4)产后有发烧症状厌食 A.无恶露 B.有恶露	(1)氨基比林+青霉素/头孢 (2)安乃近+头孢 (3)氟尼辛葡甲胺+头孢	可供选择药物较多，根据实际情况选用。
(5)呼吸道症状	(1)多西环素注射液 (2)头孢类药物 (3)阿莫西林 (4)磺胺 (5)卡那霉素	群体用药，可选阿莫西林/替米考星/泰秒菌素类药物+甘草等中药。也可用磺胺类药物，注意充足饮水，饲料中添加小苏打 群体用药可选硫酸黏杆菌素/安普菌素/益生菌类+中药(如希特力/脾胃宝)等
(6)普通拉稀症状	(1)痢菌净 (2)恩诺沙星类药物	

续表 6-6

适应证	药物名称或类别	备注
(7)黑便或血便	(1)强力霉素针剂+止血敏 (2)泰乐菌素针剂+止血敏 (3)痢菌净+止血敏	群体用药：硫酸新霉素/安普菌素+维生素+矿物质+补液盐 体表清洗
(8)跛腿症状	(1)阿莫西林+氨基比林 (2)对乙酰氨基酚类	
哺乳或保育仔猪：		
(1)黄白痢	(1)恩诺沙星等喹诺酮类药物 (2)痢菌净 (3)硫酸庆大霉素 (4)磺胺嘧啶钠 (5)益生菌类	群体用药选择药物较多，根据实际情况选用。阿莫西林/替米考星/泰秒菌素类药物+甘草等中药
(2)灰黄或绿色下痢	百球清	
(3)水样下痢	恩诺沙星+补液盐	肌内注射
(4)渗出性皮炎	硫酸庆大霉素(4%)+青霉素	
(5)无名高烧	(1)氨基比林 (2)阿莫西林类 (3)头孢类	
(6)神经症状	(1)磺胺嘧啶钠+安乃近 (2)阿莫西林	
(7)呼吸道症状	(1)长效土霉素 (2)阿莫西林 (3)磺胺 (4)卡那霉素	

七、驱虫操作规范

每年定期通过饲料添加驱虫药的方式给种猪驱虫 2 次，春季 4 月底和秋季 10 月开展体内驱虫。用喷洒剂体表驱虫在体内驱虫开始前 3 d、投药后第 3 天、第 7 天、结束后第 3 天共 4 次，同时喷洒舍内地面与环境；体表寄生虫严重的种猪，用上述方法每 4 个月 1 次或每季度 1 次。

【思考题】

1.简述猪适宜的饲养温度与湿度。

2.简述疫苗注射的注意事项。

3.请根据猪场实际情况制定一个免疫程序。

4.兽药合理使用的基本原则是什么？

二维码 6　母猪场工作岗位操作要求思考题及答案

任务七　母猪场饲养管理操作规范

【思维导图】

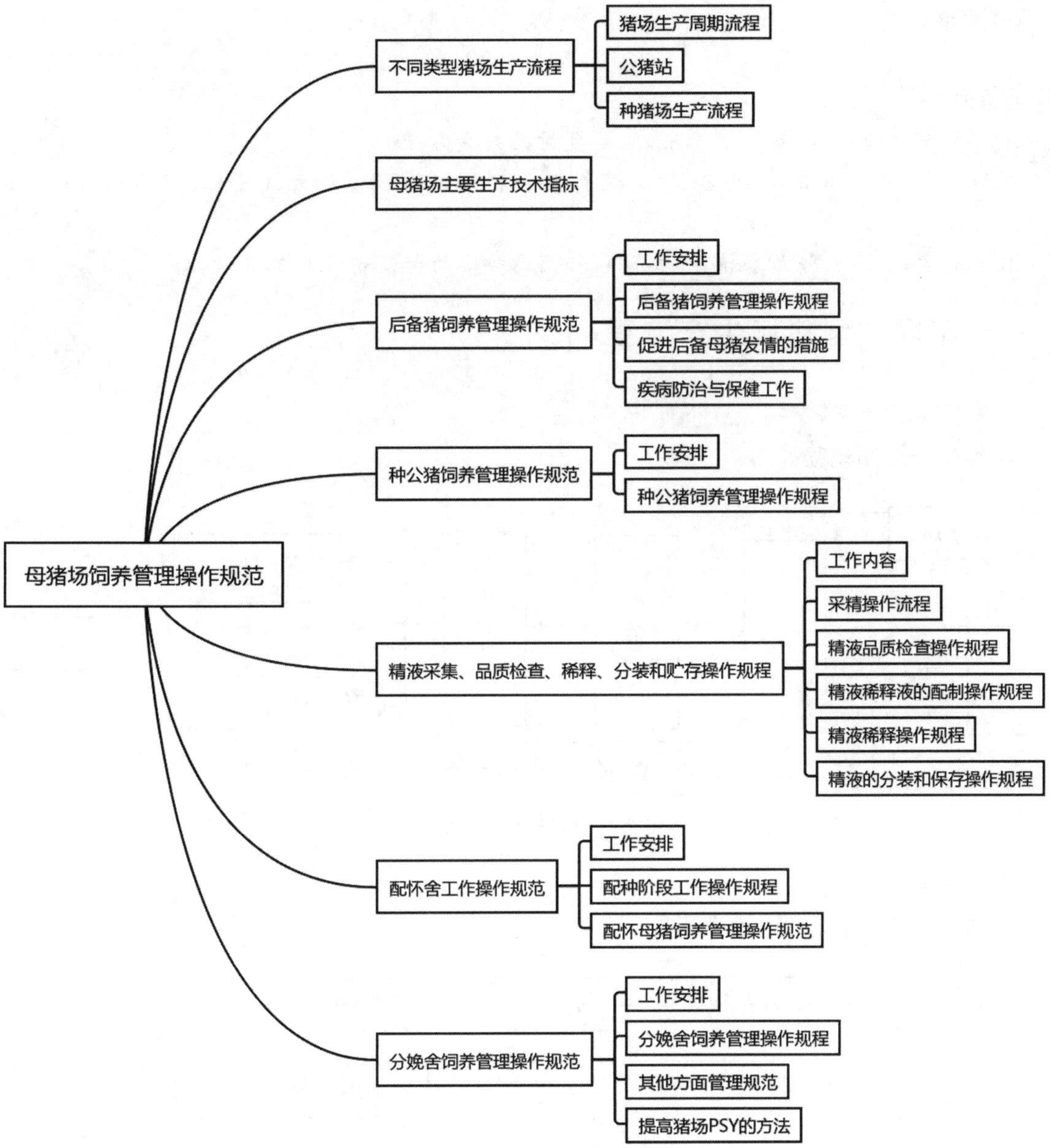

【工作目标】

1.按生产计划完成每周的配种任务，保证全年均衡生产；

2.保证母猪配种受胎率达到90%以上，配种分娩率85%以上，胎均产活仔11头以上；妊娠母猪流产、死亡率达1%以下，妊娠母猪在交配后前2个情期内妊娠鉴定准确率在98%

以上。

3.保证母猪成活率98%以上,哺乳期断奶仔猪成活率96%以上,胎断奶仔数10.5头以上;

4.保证种猪平均使用年限,年淘汰种公母猪控制在33%以内,病残淘汰率控制在5%以内;

5.保证母猪群合理的年龄结构,1~3胎母猪数占30%~35%,3~6胎母猪数占60%,7胎以上的母猪数占5%~10%。

【职业素养】

1.实行精准营养,推动智慧养殖,实施乡村振兴战略;

2.践行湖南"三高四新"战略,推进饲料禁抗和锌铜等微量元素减量化,推动养猪业绿色发展;

3.具有爱岗敬业、精益求精、开拓创新和团结务实的劳动精神和工匠精神。

一、不同类型猪场生产流程

1.猪场生产周期流程

猪场生产周期流程如图7-1所示。

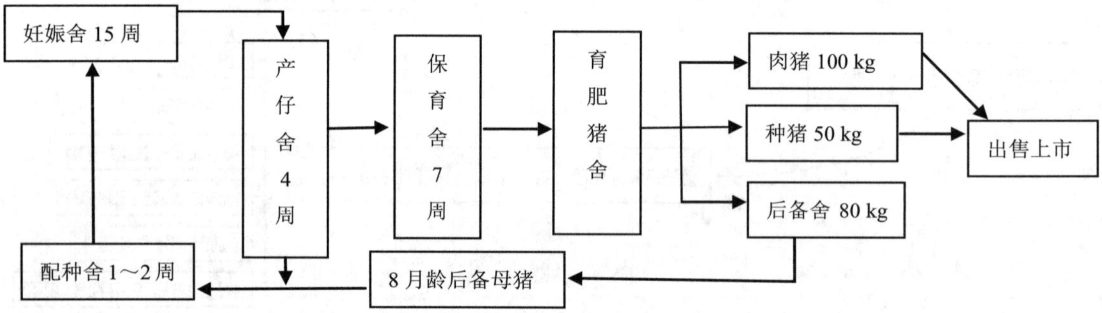

图7-1 猪场生产周期流程

2.公猪站

公猪站生产流程如图7-2所示。

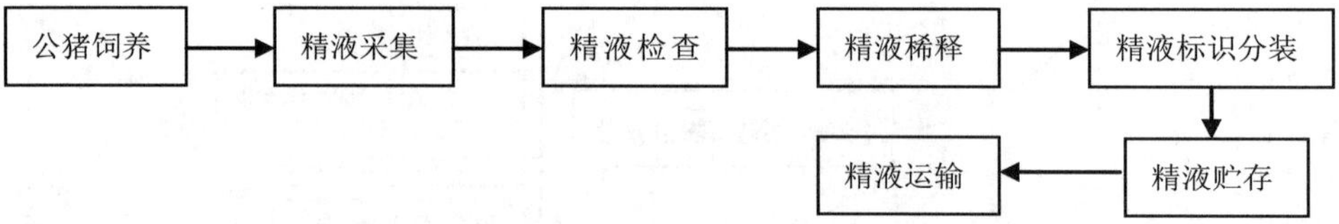

图7-2 公猪站生产流程

工作任务　成功培育种公猪,使其体格和肢蹄强健、性欲旺盛、性情温顺,提供良好品质的精液,能完成配种任务。

3.种猪场生产流程

种猪场生产流程如图7-3所示。

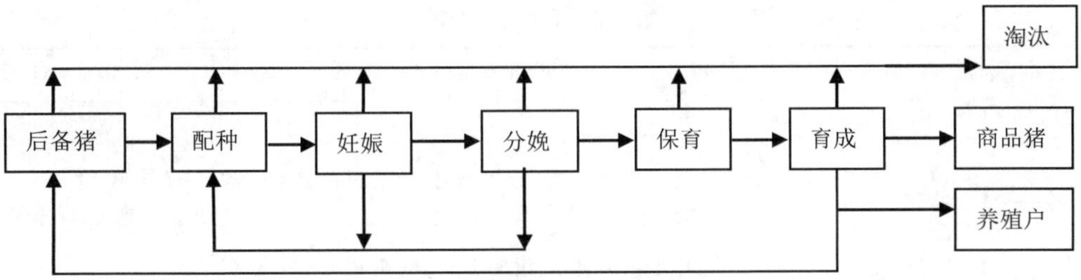

图 7-3　种猪场生产流程

工作任务　生产原种猪和二元杂交母猪，向扩繁猪场提供优良的原种公、母猪，向商品猪场提供优良的父母代二元杂交母猪，同时向养殖户和生长育肥猪场提供二元杂交商品仔猪。

二、母猪场主要生产技术指标

母猪场主要生产技术指标如表 7-1 所示。

表 7-1　母猪场主要生产技术指标

项目	指标	项目	指标
每头母猪年产/胎≥	2.3	初生个体重/kg≥	1.4
每头母猪年净增/头≥	24	21 日龄个体重/kg≥	6.5
受胎率/%≥	90	胎断奶仔数/头≥	10.5
配种分娩率/%≥	85	断奶仔猪成活率/%≥	96
胎均产健仔数/头≥	11	PSY/头	24.3

三、后备猪饲养管理操作规范

1.工作安排

(1)周工作安排(根据具体情况做出安排)　如表 7-2 所示。

表 7-2　周工作安排

日期	工作内容
周一	清洁、带猪喷雾消毒，更换消毒池盆药液
周二	疫苗注射
周三	转栏及冲洗、消毒空栏
周四	清洁、擦洗料筒、带猪喷雾消毒，更换消毒池盆药液
周五	分群、转群
周六	周围环境卫生清扫、整理和消毒
周日	工作总结与计划

(2)日工作安排　后备阶段饲养员日工作安排如表 7-3 所示。

表 7-3　日工作安排

序号	事项	具体内容	备注
		上　午	
1	上班巡栏检查	检查猪群整体情况和处理应急事件，有异常情况及时上报主管	有异常猪只，由主管或兽医进行采样
2	检查水帘及通风设备	检查水帘及通风设备运行是否正常，并做相应调整	
3	调整"三度"	查看温度、湿度、空气清新度并做相应调整和记录	以猪只不起堆和呼吸平稳为标准
4	投料准备	检查余料情况和处理受污染食槽	
5	投料	按照规则和要求投料	
6	控制饲料浪费	清扫撒落在食槽外的干净饲料投入食槽内	
7	检查猪群	检查猪群采食料量和健康状况，并查看有无初次发情的母猪	病猪及时挑出，做好发情记录
8	疫苗注射	按免疫程序和主管安排进行疫苗注射并注意观察免疫状况	免疫前补充多维
9	分群、转群	按配怀主管安排对猪群大小、强弱进行分群、转群	1 次/周
10	清扫	清扫栏舍和过道卫生，同时仔细检查猪只健康，病猪栏最后扫，并对用具做有效消毒	上午 1 次
11	检查饮水	在清扫栏舍的同时，检查饮水器堵塞、漏水情况，检查水压是否合格等，并做处理	上午 1 次
12	清洗	冬季清洗个别脏的栏舍，夏天带猪冲栏防暑降温	适宜天气进行清洗
13	有效消毒	清空食槽、冲洗栏舍，干净后带猪喷雾消毒	2 次/周
14	环境消毒	对栏舍周围环境卫生进行清扫和整理后消毒	1 次/周
15	转栏	做好转栏猪安全检查与记录工作	
16	加料	根据不同体况、配种计划、限饲优饲计划增减喂料量	
17	调整"三度"	查看温度、湿度、空气清新度，并做好相应调整	
18	下班前巡栏	检查猪群整体状况，发现异常情况及时处理	
处理和完成上午 1～12 项所有工作后，才能下班(班清班结)			
		下　午	
19	重复 1～4 项工作	同上	同上
20	重复第 7 项工作	同上	同上

续表7-3

序号	事　项	具体内容	备　注
21	上午未安排，重复 5～6 项工作	同上	同上
22	上午未安排，重复 8～10 项工作	同上	同上
23	重复 11～12 项工作		
24	换消毒药液	更换消毒盆、桶、池的消毒药液	2 次/周
25	总结	填写报表数据，总结工作	

2.后备猪饲养管理操作规程

(1)大栏饲养的后备母猪(图 7-4)要及时进行大小、强弱分群。后备母猪小群饲养，15～18 头/栏。后备公猪单栏饲养，圈舍不够时可饲养 2～3 头/栏，配种前 1 个月单栏饲养。

图 7-4　大栏饲养后备母猪

(2)后备猪的营养水平　后备猪体重的绝对增长速度随年龄的增长而增大，而相对增长速度则随年龄的增长而下降，到成年时体重稳定在一定的水平。而猪体的骨骼、肌肉、脂肪的生长顺序和强度，随月龄增长而出现规律性的变化，一般来说，骨骼最先发育，且最先停止；肌肉居中；脂肪前期增长很慢，后期加快。故每千克日粮应含粗蛋白质 15%～17%，消化能 12.55～12.97 MJ，赖氨酸 0.76%～0.88%，钙0.95%，总磷 0.80%(NRC，1998)。

(3)按投料标准给料，喂料 2 次/d。后备猪饲喂标准如表 7-4 所示。

表 7-4　后备猪饲喂标准

阶段或类别	投料量(kg/d)	饲料种类	投料次数/d
后备♂	2.0～3.5	后备料	2
役精♂	2.5～3.5	公猪料	2
后备♀(80 kg 以前)	自由采食	后备料	2
后备♀(80 kg～配种)	2.2～3.0	后备料	2

说明：后备母猪在配种前 7～10 d 用哺乳料，短期优饲，刺激发情

(4)定期称重　后备猪应每月进行 1 次估重或称重，及时调整饲粮和日粮，以达到种用要求。

(5)控制体重　后备母猪在 8 月龄左右，体重控制在 110 kg 左右；后备公猪 9～10 月龄，体重控制在 110～120 kg。

(6)做好后备母猪发情记录　后备猪入场后，打好耳牌，做好耳号管理，记录后备母猪发情情况。仔细观察初次发情期，以便在第 2～3 次发情时及时配种，并做好记录。参见后备母猪

发情记录表(附件六)。

(7)按进猪日龄分批次做好免疫、驱虫和药物保健。后备母猪配种前驱体内外寄生虫1次,按免疫程序做好乙脑、细小病毒病、猪瘟、口蹄疫、伪狂犬病、蓝耳病、圆环病毒病等疫苗的免疫。

(8)后备母猪在7月龄转入配种舍(图7-5)。后备母猪的初配月龄需达到8月龄或体重140 kg以上。后备公猪初次采精月龄需达到8月龄,体重达到140 kg以上。

图7-5 转运后备母猪

(9)后备发情母猪注意湿度控制,减少不必要的冲栏和冲洗猪身。夏天做好防暑降温和通风工作,室内温度达28 ℃时启动水帘风机,保持室内温度17～20 ℃。后备舍环境控制如表7-5所示。

表7-5 后备舍环境控制

序号	环境指标	上下限值
1	温度	20～22 ℃
2	湿度	60%～80%
3	空气标准	NH_3＜26 mg/m^3,H_2S＜10 mg/m^3,CO_2＜0.2%;细菌总数＜6万个/m^3;粉尘≤1.5 mg/m^3
4	风速	冬季风速0.2 m/s;夏季风速2 m/s,当温度＞28 ℃时,可加大,但不宜＞4 m/s
5	通风方式	夏季采用猪舍密闭,纵向通风;春、秋季采用自然通风为主,辅之以机械通风;冬季采用猪舍密闭,通过中央进风管道进风,通过屋顶风扇排风
6	换气量	25 ℃时最大换气量1.0 m^3/(kg·h),夏季高温季节的最大换气量可调至1.5 m^3/(kg·h),20 ℃以下最小换气量0.35 m^3/(kg·h)
7	备注	以上除温、湿度外的其他指标,由于各类猪场的测定条件不同,可根据人的感官感觉来决定,人觉得舒服,则猪也会感到愉快,再者,表中的数据也不是固定的,要根据猪群的实际状况来适当调整猪舍的环境参数

3.促进后备母猪发情的措施

(1)正常的诱情措施 后备母猪在7月龄后,赶公猪诱情1次/d,保证公母猪有5～10 min的接触时间,确保所有后备猪在配种前有发情史。

(2)超过9月龄未正常配种的后备猪,必须采取以下促发情措施:

①不同母猪每周合群并栏或更换栏位、猪舍。

②将后备猪赶到公猪栏舍内,接触10 min/d。

③催情 饲喂催情散(淫羊藿、阳起石、菟丝子、当归、益母草、香附)等中药促发情药物;对于不发情或屡配不孕的后备母猪可使用氯前列醇钠(*D*-氯前列醇钠注射液)肌内或外阴注射(第1天为固定时间)→PG600(第2天为间隔24 h)→促性腺激素释放激素(GnRH-戈那瑞林)

肌内或外阴注射(第 5 天为间隔 72～80 h)等外源性激素。激素处理 7 d 内不发情的后备母猪予以淘汰。

④同期发情药物 使用烯丙孕素(律胎素——抑制母猪发情)、马绒毛膜促性腺激素(PMSG——促进卵泡发育和排卵)和促性腺激素释放激素(GnRH——促进卵泡发育和排卵,调控排卵时间)等同期发情药物。

⑤同期发情方法 从后备母猪最近 1 次发情日开始计算,第 14 天开始后备母猪统一饲喂烯丙孕素(5 mL/d 口服),至计划配种日的前 5 d 停止饲喂。停药后间隔 42 h 肌内或外阴注射马绒毛膜促性腺激素(PMSG),间隔 80 h 肌内或外阴注射促性腺激素释放激素(GnRH),间隔 24 h 配种。经过同期发情产品处理后,仍不发情的后备母猪予以淘汰。

4.疾病防治与保健工作

(1)后备猪饲养阶段有计划地使用微生态或中草药进行保健。

(2)观察喂料时采食情况、清粪时粪便的色泽、休息时的呼吸情况、运动时肢蹄的情况。有病及时治疗,无治疗价值的及时淘汰。

(3)控制后备猪生殖道炎症的发生率。

(4)接种疫苗前适当限料,接种前 1 d 添加抗应激剂。

(5)针对呼吸道疾病的控制,除了全群投药预防外,还要注重个体进行连续注射治疗。

(6)做好相关记录。包括猪场免疫记录表(附件三)、猪场猪群治疗记录表(附件四)、猪场猪舍日常情况记录表(附件五)和后备母猪发情记录表(附件六)。

信息化拓展资源 2:
GDU 生产标准

四、种公猪饲养管理操作规范

1.工作安排

(1)周工作安排(根据具体情况做出安排) 如表 7-6 所示。

表 7-6 周工作安排

日期	工作内容
周一	清洁、带猪喷雾消毒,更换消毒池盆药液
周二	疫苗注射
周三	转栏及冲洗、消毒空栏
周四	清洁、擦洗料筒、带猪喷雾消毒,更换消毒池盆药液
周五	分群、转群
周六	周围环境卫生清扫、整理和消毒
周日	工作总结与计划

(2)日工作安排 后备阶段饲养员日工作安排如表 7-7 所示。

表 7-7 日工作安排

序号	事项	具体内容	备　注
		上　午	
1	上班巡栏	查看猪群健康状况和处理紧急事件	有异常情况进行采样检测
2	检查饮水	检查饮水器流量与水温	是否合格与不合格处理
3	检查水帘及通风设备	检查水帘及通风设备运行是否正常,并做相应调整	炎热季节要特别检查水帘运行情况
4	调整“三度”	根据实际情况做相应调整	
5	投料	按公猪投料指南投料	
6	运动	根据天气情况,有条件的场安排公猪运动	
7	卫生	清理栏舍和维护采精室的卫生	
8	疫苗注射	按免疫程序进行疫苗注射并观察免疫后状况	
9	护理治疗	治疗护理不健康的猪只	
10	调教	按后备公猪的调教方法操作	
处理和完成上午 1～10 项所有工作后,才能下班休息(班清班结)			
		下　午	
11	上班巡栏	查看猪群健康状况和处理紧急事件	有异常情况进行采样检测
12	检查饮水	检查饮水器流量与水温	是否合格与不合格处理
13	检查水帘及通风设备	检查水帘及通风设备运行是否正常,并做相应调整	炎热季节要特别检查水帘运行情况
14	调整“三度”	根据实际情况做相应调整	
15	卫生	清理栏舍和采精室	
16	投料	按公猪投料指南投料	
17	洗刷公猪体表	夏天有条件的场对公猪全身进行刷洗	
18	清洗	清洗栏舍和采精室的卫生	
19	采精	详见人工授精站管理规范内容	
20	调教	按后备公猪的调教方法操作	根据实际情况确定
21	有效消毒	对栏舍、采精室及环境进行有效消毒	2～3 次/周
22	更换消毒药液	更换消毒池和盆内消毒药液	2 次/周
		下班前	
23	检查水帘及通风设备	检查水帘及通风设备运行是否正常	炎热季节要特别检查水帘运行情况
24	调整“三度”	据实际情况做相应调整	检查环境控制设备
25	总结	日工作小结,填写日常工作报表	下班前半小时填好
处理和完成 1～25 项所有工作后,才能下班休息(日清日结)			
夜间管理:履行检查公猪舍的环境控制设备 2～3 次(20:00/23:00)和天气突变的应急管理职责			

2.种公猪饲养管理操作规程

（1）仔细观察每头公猪体况，根据对应的饲喂标准及校准后的料盒刻度，调整公猪喂料量。按投料标准给料，喂料 2 次/d。公猪饲喂标准如表 7-8 所示。

表 7-8　公猪饲喂标准

阶段或类别	投料量/(kg/d)	饲料种类	投料次数/d
后备♂	2.0～3.5	后备料	2
役精♂	2.5～3.5	公猪料	2

（2）每个月评估公猪的体况 1 次，根据体况，结合饲喂标准进行料盒调整。

（3）大栏单圈饲养，公猪所需面积至少 6～7 m^2/头（图 7-6）。

（4）保持清洁饮水供给，关注水位高度，调整水位器至合适高度（一般 1 cm 左右）。

（5）根据条件和天气情况，开展公猪运动工作，定时驱赶和自由运动 1～2 h/d。

（6）保持栏内和猪体清洁　每天及时清扫栏舍，每天擦拭 1 次，保持公猪体表清洁度。按驱虫计划驱体内外寄生虫。定期修整公猪阴毛，一般以 2 cm 为宜。

图 7-6　大栏单圈饲养公猪

（7）对公猪的健康状况进行评估，做好标记。保护好公猪的肢蹄，控制好地面的湿度，减少不必要的冲栏。

（8）调教公猪　后备公猪达 8 月龄，体重达 120 kg，膘情良好即可开始调教。注意安全，工作时保持与公猪适当的距离，不要背对公猪。

（9）合理利用　本交的初配青年公猪第 1 个月每周可配种 2～3 次，幼龄公猪配种应每 2～3 d 配 1 次，成年公猪宜配种 1 次/d，5～7 d 休息 1 d。8～12 月龄内采精频率每周 1 次，12 月龄以上采精频率每周 2 次。性欲较差的公猪，可肌内注射 *D*-氯前列醇钠注射液 175 μg/头，刺激公猪性欲（夏季禁用）。公母猪人工授精比例为 1∶(60～80)，使用年限为 2～3 年。公猪年更新率一般为 35％～40％。

（10）做好相关记录　包括猪场免疫记录表（附件三）、猪场猪群治疗记录表（附件四）和猪场猪舍日常情况记录表（附件五）。

五、精液采集、品质检查、稀释、分装和贮存操作规程

1.工作内容

（1）采精员负责采精公猪的调教和采精工作。

（2）公猪调教

①后备公猪 8 月龄开始进行采精调教；调教公猪要有耐心，不打骂公猪。

②每次调教时间不超过 15 min。

③一旦采精获得成功，分别在第 2、3 天再采精 1 次，进一步巩固掌握该技术；以后每隔 1 周再采精 1 次。

④采精调教可采用发情母猪诱导、观摩有经验公猪采精以及发情母猪分泌物刺激等方法。

⑤采精栏必须设有安全角，注意公猪和调教员的安全。

(3)人工授精实验室　负责稀释液的配制、公猪精液品质检查、稀释、分装与保存。

2.采精操作流程

采精操作步骤如图 7-7 所示。

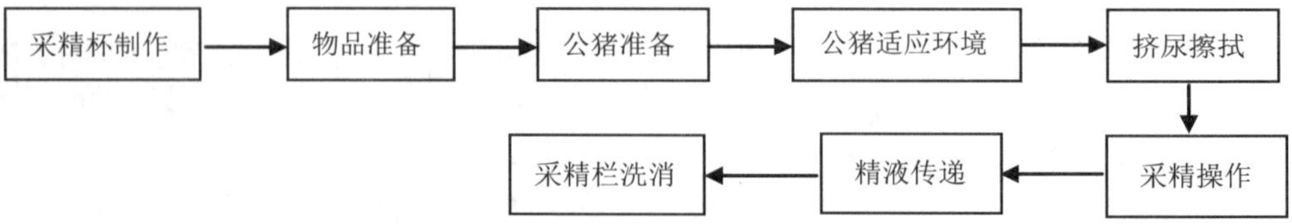

图 7-7　采精 8 个步骤图

(1)采精员手持 37 ℃保温杯(内装一次性采精袋)用于收集精液。

(2)采精员赶公猪至采精栏，帮助公猪适应环境。

(3)采精员挤出公猪包皮积尿，用温水(夏天用自来水)将公猪包皮部和后腹部洗干净，再用毛巾擦干(图 7-8)。

(4)按摩公猪包皮部，刺激其爬跨假母猪台，待其伸出阴茎时，将公猪阴茎龟头导入空拳。

(5)用手紧握伸出的公猪阴茎螺旋状龟头，顺势将阴茎拉出，握紧阴茎龟头防止其旋转，公猪可射精。

(6)采精过程注意保持周围环境的安静，避免影响采精的多余动作，在公猪射精完毕之前不可以松开采精的手。采精期间不准殴打公猪，防止公猪出现性抑制。

(7)用滤纸过滤收集精液，最初射出的清亮部分不必接取，一般情况下仅收集浓分精液；寒冷天气采精时应注意采出精液的保温和及时传递，并可根据情况适当增大采精杯体积(图 7-9)。

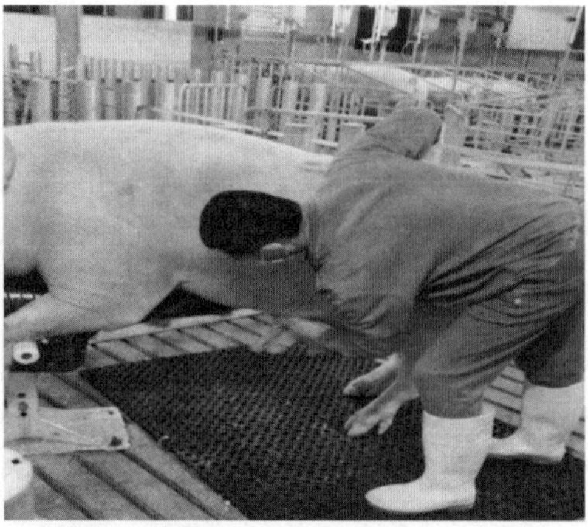

图 7-8　毛巾擦拭公猪包皮

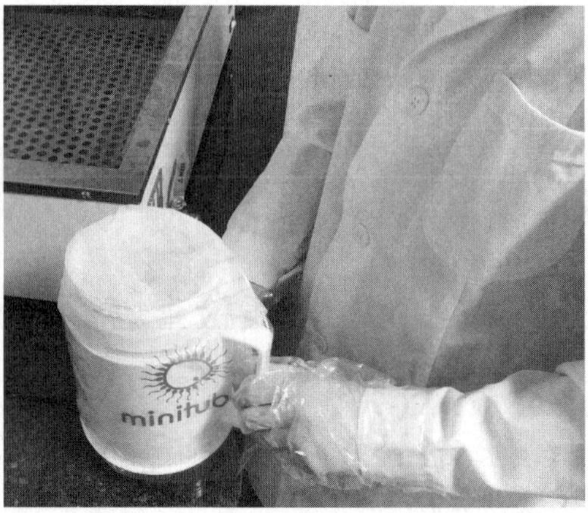

图 7-9　内置过滤纸采精杯

(8)采精员应注意安全,一旦公猪出现攻击行为,采精员应立刻躲避至安全角。

(9)等待公猪下假母猪台,赶回公猪栏,完成采精任务;所有任务完成后彻底清洗和消毒采精栏。

(10)做好相关记录。参见猪场公猪采精记录表(附件七)。

3.精液品质检查操作规程

(1)精液量　以电子天平称量精液,按 1 mL/g 计(图 7-10)。

(2)颜色　正常精液乳白或灰白色,精子密度越高,色泽越浓,其透明度越低。如带有绿色或黄色是混有尿液,若带有淡红色或红褐色是含有血液,这样的精液舍弃不用。

(3)气味　猪精液略带腥味,如带有异常气味,应废弃。

(4)酸碱度　正常精液的 pH 为 7～7.5,呈弱碱性。

(5)精子活力检查　检查精子活力前将载玻片放在 38 ℃的保温板上预热 2～3 min。活力是指呈直线运动的精子百分率,在显微镜(400 倍)下观察精子活力,通常按 0～100%评分,一般要求活力在 80%以上进行分装;贮藏活力在 60%以上合用(图 7-11)。

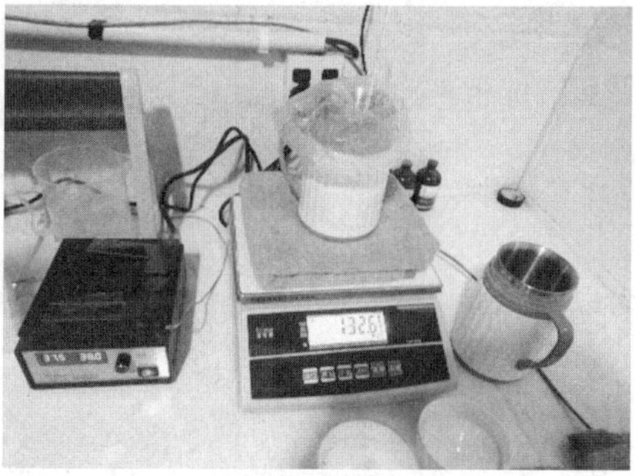

图 7-10　原精液称重

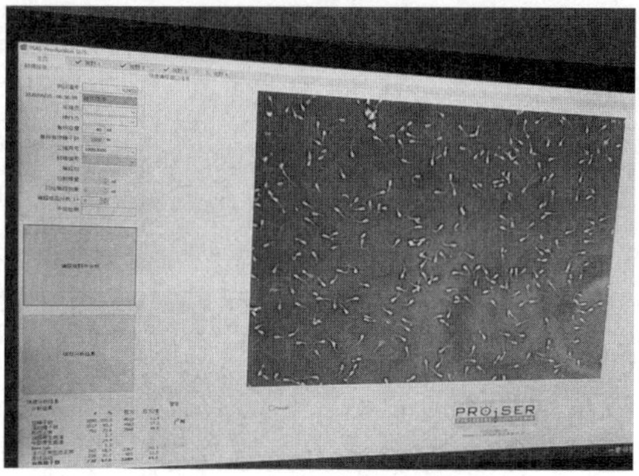

图 7-11　精子活力检查

(6)精子密度　指 1 mL 精液中所含的精子数,是确定稀释倍数的重要指标。要求用精液密度仪测定。输精浓度过低会造成产仔数降低,浓度过高将使精液的保存期缩短。正常公猪的精子密度是 2.0 亿～3.0 亿/mL。

(7)精子畸形率　畸形率是指异常精子百分率,要求至少在 400 倍显微镜下检查(染色情况下需要在 1 000 倍的油镜下检查),一般要求畸形率不超过 10%。畸形精子种类很多,如:巨型精子、短小精子、双头或双尾精子,顶体膨胀或脱落、精子头部残缺或尾部分离、尾部变曲。

(8)精液等级标准　精液等级标准如表 7-9 所示。

表 7-9　精液等级标准

等级	条件
优	采精量 250 mL 以上,精子活力 80%以上,精子密度 3.0 亿/mL 以上,精子畸形率 5%以下,颜色、气味正常。(所有条件都要符合)
良	采精量 150 mL 以上,精子活力 70%以上,精子密度 2.0 亿/mL 以上,精子畸形率 10%以下,颜色、气味正常。(所有条件都要符合)

续表7-9

等级	条件
合格	采精量100 mL以上，精子活力60%以上，精子密度0.8亿/mL以上，精子畸形率18%以下，颜色、气味正常。(所有条件都要符合)
不合格	采精量100 mL以下，精子活力60%以下，精子密度0.8亿/mL以下，精子畸形率18%以上，颜色、气味不正常。(只要有其中一个条件符合)

说明：成品精液的使用标准为精子活力80%以上，精子畸形率夏天18%以下，冬天16%以下，颜色、气味正常

(9)做好相关记录。参见猪场精液检测记录表(附件八)。

4.精液稀释液的配制操作规程

(1)为了保证质量，精液站使用的商品精液稀释剂都必须按说明保存，注意防水、防潮。

(2)根据当天精液生产计划，确定精液稀释液的配制量。从冰箱中取出相应的精液稀释剂，置之不低于室温中。

(3)用电子秤准确称取1 000 mL或2 000 mL双蒸馏水，置于35 ℃恒温水浴锅中预热。

(4)待双蒸馏水加热到30 ℃左右时，将1袋(50 g)精液稀释剂倒入1 000 mL的双蒸馏水中，必要时可用水清洗精液稀释袋内壁。

(5)在稀释液中放入磁力搅拌器，用磁力搅拌器搅拌15 min(不必加热)，以帮助稀释剂溶解(图7-12)。

(6)将配制好的稀释液放入35 ℃恒温水浴锅中水浴加热，确保使用前稀释液整体加热到35 ℃。稀释液在配制好1 h(或根据具体产品要求时间)后使用，以保证其中的pH和渗透压以及其他离子浓度达到稳定；没有使用完的稀释液可存放于冰箱4 ℃保存，不超过48 h；超过48 h后，使用前应加入抗生素。

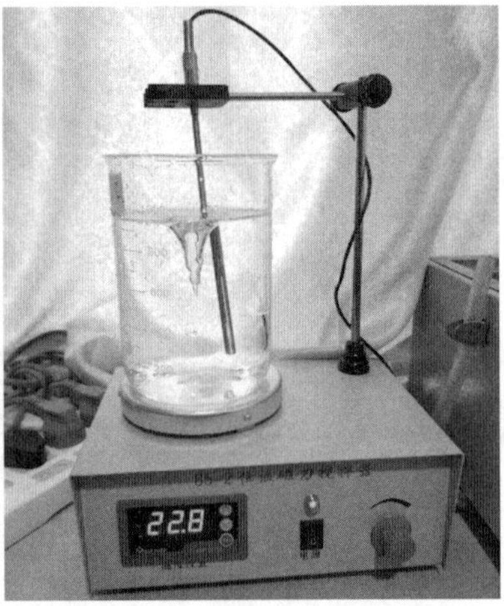

图7-12 搅拌稀释液

5.精液稀释操作规程

(1)精液采集后应尽快在15 min内开始稀释。

(2)未经品质检查或检查不合格(活力80%以下)的精液不能稀释。

(3)精液要求等温稀释，一般情况下稀释液应先预热至37 ℃，精液温度与稀释液温度两者温差±1 ℃，以精液温度为标准来调节稀释液的温度，绝不能反过来操作。

(4)稀释时将稀释液沿盛精液的杯壁缓慢加入精液中，然后轻轻摇动或用已消毒的玻璃棒搅拌，使之混合均匀。

(5)如做高倍稀释时，应先进行低倍稀释[1∶(1～2)]，稍后再将剩余的稀释液沿杯壁缓慢加入。

(6)稀释倍数的确定　活力≥80%的精液，一般按每份精液含30亿个总精子，输精量为80～100 mL确定稀释倍数，如某头公猪1次采精量是200 mL，活力为80%，密度为2亿个/mL，要求每瓶输精剂量是含40亿个精子，输精量为80 mL，则总精子数为200 mL×2亿个/mL＝400亿个，输精头份为400亿个/40亿个＝10份，加入稀释液的量为10×80 mL＝800 mL。

(7)稀释后要求静置片刻，再做精子活力检查，如果精子活力低于80%，则不能进行分装

(图 7-13)。

6.精液的分装和保存操作规程

(1)精液稀释后,检查精子活力,若无明显下降,分装时按每份 80～100 mL、每份有效精子数不低于 30 亿个。

(2)在输精袋上写清公猪的品种、耳号,采精日期、时间(图 7-14)。

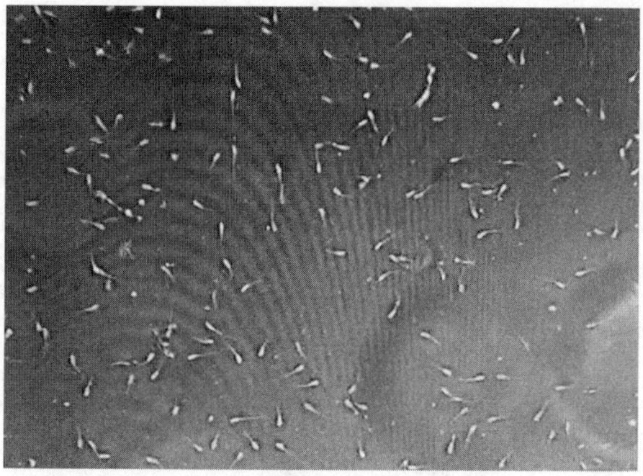

图 7-13　稀释后精子活力检查

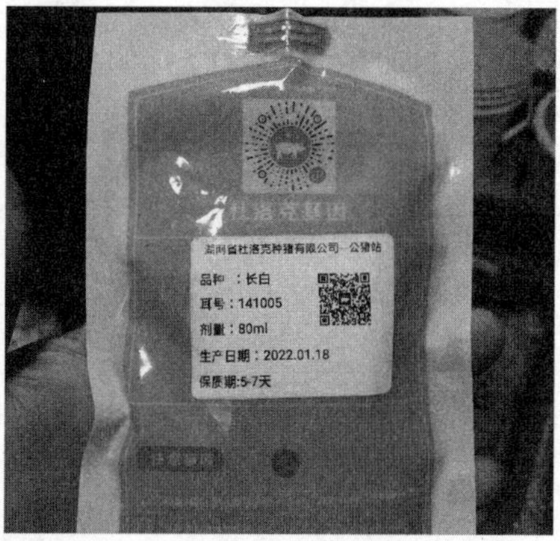

图 7-14　输精袋

(3)置于 22～25 ℃的室温(或用毛巾包被好)1～2 h,缓慢降温后(在炎热夏季和寒冷的冬季,特别注意本环节),再放置 17 ℃恒温箱中保存。

(4)保存过程中要求每 12 h 将精液缓慢地混匀 1 次,防止精子沉淀聚团而使精液保存期缩短或使精子死亡。

(5)每天检查精液保存箱温度并进行记录,若出现停电则全面检查贮存的精液品质(图 7-15)。

(6)尽量减少精液保存箱的关开次数,以免造成对精子的打击而死亡。

(7)化验室仪器设备的使用和维护　每天使用后对所有用具和器皿清理清洗、摆放整齐、干燥,需要消毒的进行有效消毒。

(8)外购精液的保存和使用　外购精液按照生物安全管理要求在隔离区进行采样检测,确认安全后,再转入生产区的恒温冰箱进行保存。保存过程中,要适当进行翻动。

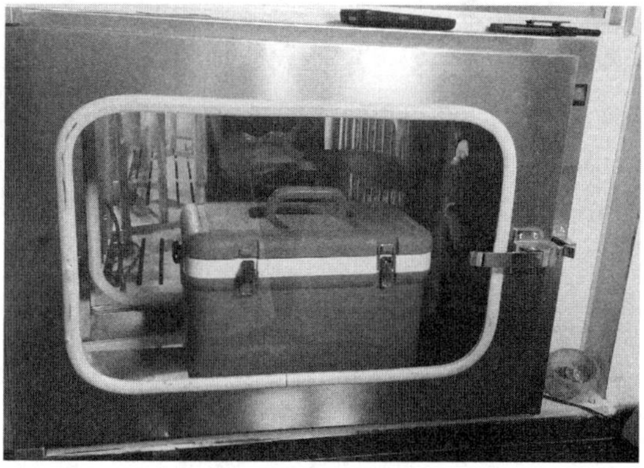

图 7-15　精液保存箱

六、配怀舍工作操作规范

(一)工作安排

1.周工作安排(根据具体情况做出安排)

周工作安排如表 7-10 所示。

表 7-10 周工作安排

日期	工作内容
周一	清洁、带猪喷雾消毒，更换消毒池盆药液
周二	疫苗注射
周三	转栏及冲洗、消毒空栏。粪沟冲洗消毒
周四	清洁、擦洗料筒、带猪喷雾消毒，更换消毒池盆药液
周五	淘汰公、母猪上报。空怀母猪诱情
周六	周围环境卫生清扫、整理和消毒。粪沟冲洗消毒
周日	周工作总结与计划

2.日工作安排

(1)配怀舍主管日工作安排　如表 7-11 所示。

表 7-11 配怀舍主管日工作安排

序号	事项	工作内容
		上　午
1	上班巡栏	查看猪群整体状况和处理紧急事件
2	检查水帘及通风设备	检查水帘及通风设备运行是否正常并做相应调整
3	调整“三度”	记录并采取相应措施做好舍内环境调控工作
4	检查发情母猪	做好发情母猪检查和标记工作
5	配种(8:00 以前)	按配种操作规程进行输精
6	检查猪群与护理	发现问题猪只，及时护理与治疗
7	妊娠检查	特别注意检查配种后 1～2 个情期的母猪返情
8	对空怀母猪进行诱情管理	将检查出的空怀母猪集中饲养，做好诱导发情管理
9	环境卫生清理和消毒	按消毒要求做好环境有效消毒，并整理外环境卫生(2 次/周)
10	疫苗注射	按免疫程序进行免疫注射，注意观察种猪免疫后的情况
11	查看温、湿度计	做好保暖或防暑通风工作
处理和完成 1～11 项所有工作后，才能下班休息(班清班结)		
		下　午
12	做好序号 1～4 项的工作	同上
13	做好序号 6～8 项的工作	同上
14	母猪管理档案	及时真实准确记录和补充耳标和繁殖卡
15	检查并复核发情母猪	确定夜间配种的发情母猪并标记，为夜间配种节约时间和准确配种做好准备
16	查看温、湿度计	做好夜间的保暖或防暑通风工作后下班
17	工作小结	填写报表，小结当天工作内容
处理和完成白班 1～17 项所有工作后，才能下班休息(日清日结)		
夜间配种(20:00～21:00)		
18	夜间	按配种操作规程进行输精
19	夜间配种后巡栏一遍	检查水帘及通风设备运行是否正常并做相应调整
处理和完成 18～19 项所有工作后，才能下班休息(夜清夜结)		

（2）饲养员日工作安排　如表 7-12 所示。

表 7-12　配怀舍饲养员日工作安排

序号	事项	工作内容
		上　午
1	上班巡栏	查看猪群整体状况和处理紧急事件，及时上报给主管
2	检查水帘及通风设备	检查水帘及通风设备运行是否正常并做相应调整
3	调整"三度"	记录并采取相应措施做好舍内环境调控工作
4	清扫食槽	清理干净食槽
5	喂料	根据投料规则、体况评分和天气适当调整投料量
6	观察采食情况	观察猪只的采食情况并记录
7	清扫粪便	将粪便扫入泡粪内，同时检查母猪的发情与繁殖疾病和标记
8	清扫走道	将未被污染的饲料捡拾投饲猪只
9	清理食槽	将未吃完的饲料清扫集中投饲其他猪只
10	有效消毒	清空食槽、冲洗栏舍，干净后协助技术员带猪喷雾消毒
11	疫苗注射	协助技术员免疫注射，注意观察种猪免疫后的情况
12	设备设施检修	检修饮水系统和环境控制设备
13	清理环境	对栏舍周围环境卫生进行清扫和整理，按消毒要求做好有效消毒，更换消毒盆、桶的消毒药液（2 次/周）并协助主管做好配怀环境卫生和环境消毒工作
14	查看温、湿度计	做好保暖或防暑通风工作
处理和完成 1～14 项所有工作后，才能下班休息（班清班结）		
		下　午
15	做好序号 1～9 项的工作	同上
16	做好清理粪沟工作	视粪沟粪水位开闸放水，每转一批猪彻底清洗干净并有效消毒 1 次
17	查看温、湿度计	做好夜间的保暖或防暑通风工作
18	工作小结	填写报表，小结当天工作内容
处理和完成白班 1～18 项所有工作后，才能下班休息（日清日结）		

（3）配种员日工作安排　如表 7-13 所示。

表 7-13　配种员日工作安排

时间	事项	工作内容
上午 8:00—10:00	脚踏消毒	进猪舍前双脚要在猪舍门口的消毒池中消毒
	查情	根据母猪的发情症状进行查情，对发情母猪进行标记并及时记录
	试情	将公猪赶到发情母猪交配栏试情，判定母猪是否可以配种
	人工授精	严格按照输精操作规程进行输精
	填写记录	严格记录生产报表中的原始数据
上午 10:00—12:00	妊娠检查	根据母猪妊娠检查时间与检查方法进行妊娠检查，并记录
	母猪移动	将在配种栏呆够 35 d 并经过妊娠检查的母猪赶到妊娠栏
	脚踏消毒	下班出猪舍时双脚要在猪舍门口的消毒池中消毒

续表7-13

时间	事项	工作内容
下午 14:00—16:00	脚踏消毒	进猪舍前双脚在猪舍门口的消毒池中消毒
	妊娠检查	根据母猪妊娠检查时间与鉴定方法进行妊娠检查,并记录
	母猪移动	将在配种栏呆够35 d并经过妊娠检查的母猪赶到妊娠栏
下午 16:00—18:00	查情	根据母猪的发情症状进行查情,对发情母猪进行标记并及时记录
	试情	将公猪赶到发情母猪交配栏试情,判定母猪是否可以配种
	脚踏消毒	下班出猪舍时双脚在猪舍门口的消毒池中消毒
晚上 19:00—20:00	脚踏消毒	进猪舍前双脚在猪舍门口的消毒池中消毒
	人工授精	严格按照输精操作规程进行输精
	填写记录	严格记录生产报表中的原始数据
	脚踏消毒	下班出猪舍时双脚在猪舍门口的消毒池中消毒

(二)配种阶段工作操作规程

1.发情鉴定

(1)母猪发情周期(由1次发情开始到下1次发情开始的时间间隔称为发情周期)平均21 d(19～23 d),大多数经产母猪一般在仔猪断奶后的1周内(3～7 d),可再次发情排卵,配种受胎。

(2)发情周期的各期特征

①发情前期　持续时间1～2.5 d,平均可有2.3 d。母猪举动不安,外阴肿胀,并由淡黄色变为红色,这种变化在后备母猪较为明显;阴道有黏液分泌,其黏度渐渐增加。在此期母猪不允许人骑在背上,不宜输精配种。

②发情期　持续时间1.5～2.5 d,平均约2.5 d。特征为母猪阴部肿胀及红色开始减退,分泌物也变浓厚,黏度增加。此时母猪允许压背而不动,压背时,母猪双耳竖起向后,后肢紧绷。母猪只有在发情期才允许公猪爬跨或出现"静立反射",此行为表现是母猪适时输精的指标。

③发情后期　持续时间1～2 d。发情母猪的阴部完全恢复正常,不允许公猪爬跨。

④间情期(休情期)　持续时间13～14 d。母猪的性欲已完全停止,恢复正常状态。

(3)发情鉴定

①一摸　用手摸母猪的阴户及将右手食指(剪短指甲)插入母猪阴道,通过对母猪阴户有无黏液及黏液的多少与黏稠变化判断母猪发情(图7-16)。

②二看　用肉眼观察母猪外阴户红肿、皱褶变化和阴道黏液流出与色泽变化情况。

③三压　用手按压发情母猪的后背或骑在母猪背上,母猪表现"静立反应"。

④四试　每日最少要做2次公猪试情(每天上午7:30～9:30和下午16:00～17:30进行发情检查),即在安静的环境下,有公猪在旁时,压背,以观察其静立

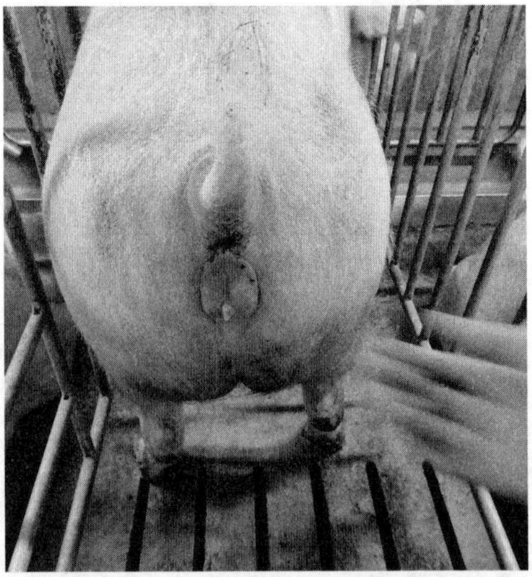

图7-16　发情母猪流出黏液

反应。试情公猪一般选用善于交谈、唾液分泌旺盛、行动缓慢的老公猪。

(4)做好发情检查记录　包括发情母猪耳号、胎次、发情时间、外阴部变化、压背反应等，鉴定发情是否明显。参见后备母猪发情记录表(附件六)。

(5)配种参考模式

①后备母猪配种参考模式如表 7-14 所示。

表 7-14　后备母猪配种参考模式

发情时间	第 1 次配种	第 2 次配种	备注
上午“静立”	当日下午	次日上午	超期发情(≥8.5 月龄)用激素处理母猪，发情即配
下午“静立”	次日上午	次日下午	

说明:生产实际中还要根据外阴颜色、肿胀度、黏液变化综合判断

②经产母猪配种参考模式如表 7-15 所示。

表 7-15　经产母猪配种参考模式

发情时间	第 1 次配种	第 2 次配种	备注
上午“静立”	当日下午	次日上午	断奶后≥7 d 发情的母猪和空怀、返情母猪，发情即配
下午“静立”	次日上午	次日下午	

说明:生产实际中还要根据外阴颜色、肿胀度、黏液变化综合判断

2.普通输精(子宫颈口输精)操作规程

(1)配种时间　高温季节宜在上午 8:00 前，下午 20:00 后配种。最好饲前空腹配种或给料后 0.5 h 才配种。

(2)输精次数　根据具体情况采用 2 次人工授精或 3 次人工授精，2 次输精时间间隔 12 h 左右。

(3)精液检查　从 17 ℃保存箱取出的精液，轻轻摇匀，滴取 1 滴(不能太小)在 37 ℃恒温板上的载玻片上预热片刻后，再盖上盖玻片，在 400 倍高倍镜下检查活力，精子活力≥80%，才可进行输精。

(4)输精准备工作　输精人员对母猪外阴用 0.1%的高锰酸钾消毒液消毒，再用清洁水清洁，并用干纸巾擦干。打开密封袋中的一次性输精管(根据母猪胎次的不同选用相应型号的海绵头输精管)，手不应接触输精管前 2/3 部分，在泡沫头前端涂上少量专用润滑液。

(5)母猪状态　配种母猪在输精时可与隔壁栏的试情公猪鼻部接触，在母猪处于安静状态下输精。

(6)插入输精管　将输精管 45°角向上插入母猪生殖道内，输精管进入 10 cm 左右之后，感觉到有阻力时，使输精管水平，继续缓慢用力插入，直到感觉输精管前端被锁定(轻轻回拉不动)。

(7)精液准备　从精液贮存箱取出精液；缓慢摇匀精液，将精液袋或瓶接到输精管上，使精液袋竖直向上保持精液流动畅通，开始进行输精。

(8)使用精液注意事项　从 17 ℃精液保存箱中取出的精液，无须升温至 35 ℃，摇匀后可直接输精；在寒冷环境中输精应注意温度的降低；室外输精应避免阳光直射精液。

(9)输入精液　输精过程中，尽量避免用力挤压的输精办法，当输精困难时，可通过抚摸母猪的乳房或外阴、压背刺激母猪等方法，使其子宫收缩产生负压，将精液吸纳；如精液仍难以输入，可能是输精管插入子宫太靠前，这时需要将输精管倒拉回一点。

(10)输精注意事项　输精时间最少要求3～5 min，精液输完后将输精管后端一小段折起，使其滞留在母猪生殖道内3～5 min后再把输精管慢慢拉出。

(11)输精结束后喷公猪气味剂，10 min内避免母猪卧下及饮冷水。

(12)母猪预产期推算

①333推算法　母猪交配受孕的月数和日数加“3个月3周3天”即3个月为90，3周为21 d，另加3 d，正好是114 d，即是妊娠母猪的预产日期。

②月加4，日减6推算法　从母猪交配受孕后的本月份加4，交配受孕日期减6。其得出的数，就是母猪的预产日期。

3.深部输精(子宫体内输精)操作规程

(1)输精准备工作　深部输精操作前1 h，待配母猪不得与公猪接触。

(2)清洁阴户　输精人员用清洁水清洁母猪外阴，并用双层纸巾2次擦干净母猪外阴。

(3)插入外管　撕开外包装袋，手不能直接碰触输精管，将套管头推出泡沫头，涂一些润滑剂于泡沫头开口处，然后拉回套管头，在前端轻轻涂抹一些润滑剂并确保全部覆盖柔软灵活的头部，然后像普通输精一样插入外管。

(4)插入内管　插入外管3～5 min后，一只手轻轻抓住外管，另一只手拿着内管并且向前推动内管，每次最多插入1～2 cm内管，以防止插入过长导致内细管折弯；内管从外管泡沫头中脱出，用卡扣锁住外管，防止脱落。当内管不能插到位时，需要等待1～3 min，然后回拔一段后重新插入。插入的深部一般为10～15 cm(图7-17)。

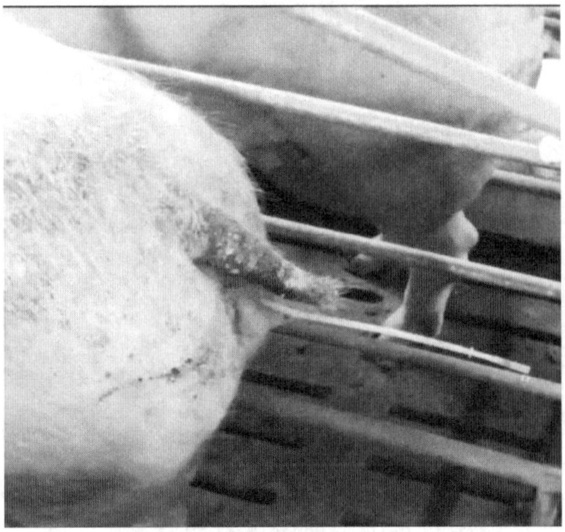
图7-17　输精管插入内管图

(5)挤精液　内管到达预先设定的安全位置时停止插管(包括经产母猪和后备母猪)，内管的尖端已经正确地定位于子宫内，将精液袋(瓶)接入内管，用手轻轻挤压精液袋(瓶)，让精液尽可能地注入子宫体内或子宫角。如果挤压输精瓶时感觉费力，就轻轻地倒拉回一点。输精时间一般为3～5 min。

(6)拔出输精管　输精结束，首先拉回内管至泡沫头处，再拔出内管2/3后对折内管尾部，避免输精完毕后内管抽出时空气进入子宫内。等待3～5 min后内管和外管同时抽出。

(7)深部输精结束后，喷公猪气味剂，再将公猪赶去与已配母猪接触1～2 h。

(8)登记配种信息　按照配种情况认真登记母猪繁殖卡，与配公猪耳号、配种员名字、预产期等信息，同时将配种信息登记在母猪配种表中。参见猪场配种原始记录表(附件九)。

(9)后备母猪或初产母猪因易造成母猪子宫颈受损，不适合使用深部输精(子宫体内输精)。

4.输精操作的跟踪与分析

根据母猪配种时静立反射、输精管锁定和精液倒流进行“3-3-3”评分，目的便于在返情失配、产仔数少时查找原因，制定对策。

(1)站立发情　1 分(差)，2 分(一些移动)，3 分(几乎没有移动)。

(2)锁住程度　1 分(没有锁住)，2 分(松散锁住)，3 分(牢固锁住)。

(3)倒流程度　1 分(严重倒流)，2 分(一些倒流)，3 分(没有倒流)。

输精评分如表 7-16 所示。

表 7-16　输精评分表

配种母猪	日期	首配精液	评分	2 配精液	评分	3 配精液	评分	输精员	备注
×××									
……									

5.人工授精站实验室管理

人工授精站实验室是精液检查、处理、贮存的场所，为了生产出优质的符合输精要求的精液，必须把好质量关，保证出站的每一份精液(精子)的活力不低于 70%。

(1)人工授精站实验室要求整洁、干净、卫生，每周彻底清洁 1 次(图 7-18)。

图 7-18　人工授精站实验室

(2)人工授精站实验室以及采精室不准吸烟；不准使用肥皂等洗涤用品；不准使用化学灭蚊虫试剂。

(3)非实验室工作人员不准进入实验室，采精员也不准进入实验室。

(4)所有仪器设备应在仔细阅读说明书后，由专人按操作规程使用和维护保养；特别是石英蒸馏水制造器，使用时更应有人看护，注意人身安全。

(5)各种电器设备按其要求选择适应插座。除精液保存箱外，一般电器要求人走断电，干燥箱无人时设定温度不得高于 100 ℃。

(6)采精器皿和精液器皿，以及采精手套均采用一次性物品。

(7)稀释液的配制、精液检查和稀释、分装必须按照人工授精操作规程进行。

(8)采精栏与实验室之间两侧窗户只有在传递物品时才能按先后顺序开启使用。

(9)实验室地板和实验台保持干净清洁。下班离开实验室前必须检查电源、水龙头、门、窗是否关闭好，确保安全。

6.妊娠检查

(1)视觉孕检　妊娠母猪处于怀孕 50 d 到产前，会表现出明显的表征，如乳房隆起明显、外阴开始肿胀，变得松弛等。对所有母猪进行有规律的视觉孕检，即使在妊娠检查确定后少数母猪也有胚胎再吸收和流产的可能。视觉孕检如表 7-17 所示。

表 7-17 视觉孕检

交配后日龄/d	孕检内容
0～17	将安静的妊娠母猪分区布局于妊娠栏中，将同批次的其他妊娠猪只布局于空栏区，提高栏位的利用率
18～23	观察外阴变化，并用公猪确认；如妊娠，则外阴紧缩、干涸；如外阴肿胀，有黏液流出并有明显的静立反射，则说明未妊娠
25～35	用 B 超进行妊娠检查确认
36～46	观察外阴部变化及腹部周围的发育情况确认
46 后	用 B 超进行妊娠检查确认，并在管理中确认

(2)B 超孕检

①B 超是利用换能器(探头)发射出高频超声波透入机体组织产生回声，回声被接收变成高频电信号，经放大处理可显现出被探查部位的切面声像图。可在无任何损伤和刺激的情况下对活体进行切面观察。

②孕检操作　孕检仪开机→探头涂抹耦合剂→寻找孕检位置，将探头放到正确的位置上(倒数第 1～2 对乳头)→转动探头，寻找影像清晰的部位→根据显示屏影像，判断母猪妊娠状态。

③成像黑色主要是液体，包括血液、羊水和组织间隙液体等；成像白色主要指密度较高的物体，包括骨骼、结石等；成像灰色主要指实质性组织，包括肌肉、脏器等。

④B 超孕检需 2 次妊娠检查，25～30 d 进行第 1 次检查，45～48 d 进行第 2 次检查。妊娠母猪 B 超检测如图 7-19 所示。

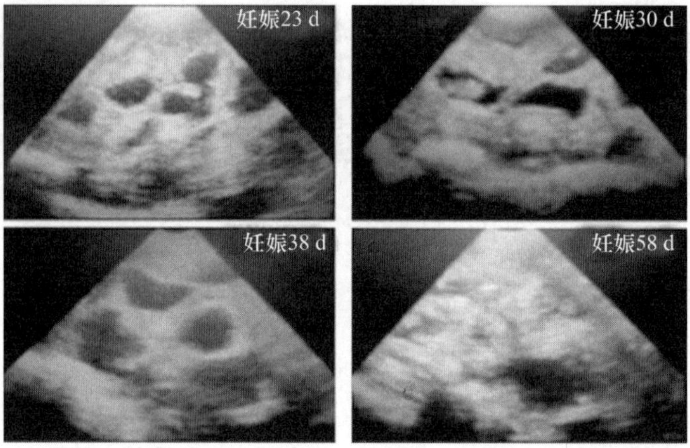

图 7-19　B 超检测图

7.乏情母猪处理方法

(1)乏情母猪是指超龄后备、孕检空怀和断奶>7 d 不发情母猪。

(2)不同母猪每周合群并栏或更换栏位、猪舍。

(3)饲喂催情散等促发情药物，如淫羊藿、阳起石、菟丝子、当归、益母草等中药。

(4)可使用氯前列烯醇(第 1 天为固定时间)→PG600(第 2 天是间隔 24 h)→促性腺激素释放激素(GnRH)(第 5 天是间隔 72～80 h)等外源性激素。激素处理 7 d 内不发情的断奶母猪予以淘汰。

(5)使用烯丙孕素(律胎素——抑制母猪发情)、孕马血清(PMSG——促进卵泡发育和排卵)和促性腺激素释放激素(GnRH——促进卵泡发育和排卵,调控排卵时间)等同期发情产品处理。

(6)同期发情处理方法　断奶母猪从计划断奶的前 1 d 开始饲喂烯丙孕素(5 mL/d 口服)至计划配种日的前 5 d 停止饲喂,停喂烯丙孕素后,间隔 42 h 注射孕马血清(PMSG),间隔 80 h 注射促性腺激素释放激素(GnRH),间隔 24 h 配种。

8.做好相关记录

参见猪场猪舍日常情况记录表(附件五)和猪场配种原始记录表(附件九)。

(三)配怀母猪饲养管理操作规范

1.清理水槽

(1)将前 1 d 的水槽水放掉,要求同 1 个水槽使用 1 个刮料器,避免交叉。

(2)使用清水清洗水槽,后关掉水位器。

2.放料

(1)手摇把手放料。

(2)检查饲料是否下完,检查料球是否回位。

3.喂料

(1)按投料标准喂料　配怀母猪投料标准如表 7-18 所示。

表 7-18　配怀母猪投料标准

阶段或类别	日投料量/kg	饲料种类	每天投料次数
配种前	2.5～3.5	哺乳料	2
配种后 1～7 d	1.5～1.8	怀孕料	2
怀孕 8～42 d	1.8～2.2	怀孕料	2
怀孕 43～90 d	2.4～2.8	怀孕料	2
怀孕 90～110 d	2.8～3.5	怀孕料	2
怀孕 111～113 d	2.2～3.5	哺乳料	2

(2)喂料量应视母猪的体况及孕期而定,对空怀母猪实行短期优饲。空怀母猪饲喂过程要注意如下问题

①后备母猪　配种前 1～2 周增加饲喂量至 2.5～3.5 kg/d,配种后要降低饲喂料,这种饲喂方式可促进空怀母猪发情排卵,为提高受胎率和产仔数奠定物质基础。

②经产母猪　断奶后逐渐增加饲喂量至发情,配种后要将饲喂量降至正常水平。断奶母猪要根据母猪的食欲来喂料,不能刻意减料,这样不利于母猪体况的恢复和发情。

(3)后备母猪投料要点　怀孕中期(怀孕 43～90 d)要在经产母猪投料标准的基础上增加 10%～15%的饲料,而怀孕后期(怀孕 91～110 d)则在经产母猪投料标准的基础上减少 15%的饲料,防止胎儿体重过大引起难产。

(4)体况评估　种猪膘情打分如表 7-19 所示,标准膘情参见图 7-20。

表 7-19 膘情打分表

部位	分数				
	1 分	2 分	3 分	4 分	5 分
脊柱	突出，明显可见	突出、但不明显、易摸到	看不见、可以摸到	很难摸到、有脂肪层	摸不到、脂肪层厚
尾根	有很深的凹	有浅凹	没有凹	没有凹、有脂肪层	脂肪层厚
骨盆	突出明显可看到	突出可看到、易摸到	突出看不到、可以摸到	突出看不到、用大力可摸到	突出看不到、摸不到

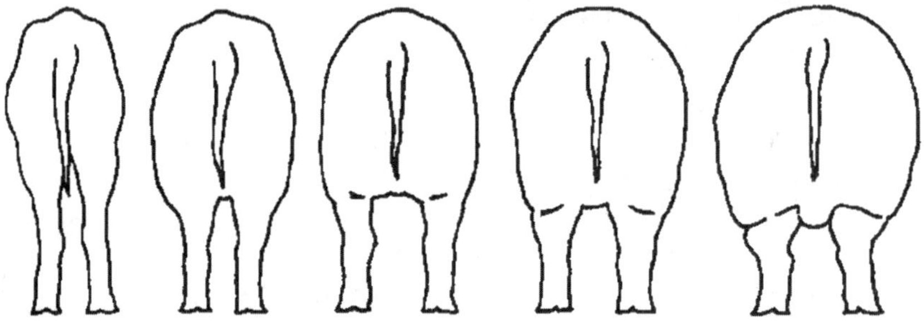

图 7-20 种猪标准膘情

（5）配种妊娠舍各阶段看膘投料，根据每头母猪的膘情及投料表中的数量区间适当添减，每半个月根据母猪膘情，调整母猪投料量。配种妊娠舍各阶段母猪的标准膘情如表 7-20 所示。

表 7-20 配种妊娠舍各阶段母猪的标准膘情

各阶段母猪	标准膘情
断奶母猪	2.5～3 分
断奶～配种母猪	2.5 分
配种后 1～35 d 母猪	2.5 分
配种后 36～84 d 母猪	3～3.5 分
85 d 母猪～分娩母猪	3.5～4 分

（6）校准料盒　根据母猪体况评分、对应的喂料标准及校准后的料盒刻度调整母猪喂料量。整个妊娠期内体况评分和调料共需要做 4 次，即配种后 3 d、30 d、60 d 和 80 d（图 7-21）。

图 7-21 校准后的料盒

4.匀料

在每次喂料前和喂料后必须清理料槽，同 1 个水槽使用 1 个刮料器，避免交叉。投料后须观察猪群吃料情况，记录采食不正常的猪并查明原因。

5.供水

把排水塞堵上，把水阀总闸和水位饮水器打开，让猪喝上干净的水，注意要留意水位器的高度，及时调节。

6.根据配种妊娠舍所需的目标和外界气候环境等做好环境控制

配种妊娠舍环境控制如表 7-21 所示。

表 7-21　配种妊娠舍环境控制

序号	环境指标	上下限值
1	温度	18～20℃，最适宜温度为 18℃
2	湿度	65%～75%，最适宜湿度为 70%
3	空气标准	NH_3<26 mg/m^3；H_2S<10 mg/m^3；CO_2<0.2%；细菌总数<6 万个/m^3；粉尘<1.5 mg/m^3
4	风速	冬季风速为 0.2 m/s；夏季风速为 2 m/s。当温度>28 ℃时，可加大，但不宜>4 m/s
5	通风方式	夏季采用猪舍密闭，纵向通风；春、秋季采用自然通风为主，辅之以机械通风；冬季采用猪舍密闭，通过中央进风管道进风，通过屋顶风扇排风
6	换气量	25 ℃时最大换气量为 1.0 m^3/(kg·h)，夏季高温季节的最大换气量可调至 1.5 m^3/(kg·h)，20 ℃以下最小换气量为 0.35 m^3/(kg·h)
7	备注	以上除温、湿度外的其他指标，由于各类猪场的测定条件不同，可根据人的感官感觉来决定，人觉得舒服，则猪也会感到愉快，再者，表中的数据也不是固定的，要根据猪群的实际状况来适当调整猪舍的环境参数

7.打料

根据猪场自动料线的布局进行打料，避免出现末端的打满了，末端探头自动停止打料，前端的猪舍还没打满饲料。

8.清理粪便和检查猪群

在清理粪便的同时，初步观察猪群的情况，清理粪便后开始检查母猪发情和返情情况。应对母猪逐头检查，特别注意配种后 18～24 d 和配种后 38～44 d 的母猪，对一些空怀母猪注意观察是否有误断。检查母猪患病、跛行、流产、子宫炎等情况，及时治疗。不能自行处理的要上报技术员。粪沟 3 d 必须冲洗 1 次。

9.清洗与消毒

(1)洗栏要求　先用清水冲洗干净，再用喷洒泡沫清洁剂，间隔半天以上，再用清水冲洗干净，如检查不合格不能进猪。同时粪沟必须彻底冲洗干净和消毒。

(2)按全进全出要求，调整猪群，对空栏冲洗干净、消毒，并对猪群做适当调整。

10.注意事项

(1)加强公猪营养和管理，及时检查公猪精液品质，若发现精液精子密度小，活力低或死精比例多的公猪应停止使用。过 1 周后需重新采精检查，连续 3 次采精不合格的公猪做淘汰处理。

(2)妊娠期前 24 d，母猪不要随意合群，防止打斗，以免影响胚胎着床，造成隐形流产。

信息化拓展资源 3：配种生产标准、妊娠生产标准

11.种猪淘汰标准

种猪淘汰标准如表 7-22 所示。

12.更新计划

基础母猪年更新率为 30%～35%。

13.做好相关记录

参见日报表填报项目解释表(附件一)、猪场猪舍日常情况记录表(附件五)和猪场配种原始记录表(附件九)。

表 7-22 种猪淘汰标准

	种公猪	种母猪
种质	①生长性能差、综合指数排名后 10%的公猪 ②不符合品种特征、外形偏离育种目标、体型评定为不合格的公猪 ③核心群配种超过 80 胎的公猪或使用超过 3 年的成年公猪 ④后代出现性状分离或畸形率高的公猪 ⑤体况极差的公猪 ⑥因其他原因失去种用价值的公猪	①连接两胎活产仔数窝均 8 头以下的经产母猪 ②累计 3 次产活仔数窝均 8 头以下的经产母猪 ③有效乳头数少于 12 个、哺乳能力差、母性不良的母猪 ④连续 2 次或累计 3 次因母猪原因使哺乳仔猪成活率低于 60%的经产母猪 ⑤核心群产仔超过 5 胎,繁殖群产仔超 8 胎(繁殖性能特别好的 9 胎)的母猪 ⑥体况太差,有慢性消耗性疾病的母猪
配种	①超过 10 月龄以上不能使用的后备公猪 ②性欲低、配种或采精能力差的公猪 ③精液品质长期不合格的公猪	①超过 10 月龄不发情的后备母猪 ②超过 12 月龄还没配上种的后备母猪 ③断奶后 49 d 没配上种的母猪 ④配种后连续 2 次返情、屡配不孕的母猪
疾病	①先天性生殖器官疾病 ②因肢蹄病而影响配种或采精 ③抽血送检,有严重传染病 ④发生普通疾病治疗两个疗程未康复,因病长期不能配种或采精 ⑤性情暴躁、攻击工作人员	①先天性生殖器官疾病 ②因肢蹄病久治未愈 ③发生严重传染病 ④发生普通病连续治疗两个疗程而未康复 ⑤先天性骨盆狭窄、难产 ⑥好斗、有伤人倾向 ⑦连续 2 次或累计 3 次妊娠期流产

七、分娩舍饲养管理操作规范

(一)工作安排

1.周工作安排(根据具体情况做出安排)

周工作安排如表 7-23 所示。

表 7-23 分娩舍周工作安排

日期	工作内容
周一	清洁、带猪喷雾消毒,更换消毒池盆药液
周二	疫苗注射、补铁
周三	转栏及冲洗、消毒空栏
周四	清洁、擦洗料筒、带猪喷雾消毒,更换消毒池盆药液
周五	补铁、补料、去势
周六	周围环境卫生清扫、整理和消毒
周日	周工作计划

2.日工作安排

(1)分娩舍主管日工作安排　如表 7-24 所示。

表 7-24　分娩舍主管日工作安排

序号	事项	工作内容	标准与要求
		上　午	
1	上班巡栏	检查猪群是否正常、是否有母猪分娩等紧急事件需要处理	有异常情况的猪进行采样检测
2	检查水帘及通风设备	检查水帘及通风设备运行是否正常，并做相应调整	
3	查看“三度”	查看温度、湿度和空气清新度，并做相应调整	以仔猪不挤堆、母猪呼吸不急促和无氨刺鼻为准，相对湿度 65%～75%
4	护理与治疗	护理和治疗非健康母猪和仔猪	及时护理和治疗，恢复健康
5	仔猪保健	注射补铁剂 1～2 次，或灌服保健药物	铁剂不外溢，不漏注
6	疫苗注射	按规定的免疫程序进行免疫注射，观察免疫后情况	不超剂量和不外溢，不漏注
7	转栏	转进临产母猪、转出断奶母猪和仔猪	转猪全过程中动作轻缓和谐，忌粗暴和挤压，避免转群应激
8	查看“三度”	查看温度、湿度和空气清新度，并做相应调整	以仔猪不挤堆、母猪呼吸不急促和无氨刺鼻为准，相对湿度 65%～75%
9	再巡栏一遍，完成未尽事项	把猪群调整为最佳管理状态	做到上午的事情下班前要清理一遍，不留有影响猪群健康和生长的事项
处理和完成上午 1～9 项所有工作后，才能下班休息（班清班结）			
		下　午	
10	重复 1～3 项工作	同上	同上
11	上午未安排或下午有安排的 4～7 项工作	同上	同上
12	有效消毒与更换消毒药液	按照消毒规定和要求进行带猪消毒或空栏有效消毒，定期每周两次更换消毒池和盆的消毒药液	
13	重复第 8～9 项工作	同上	同上
14	记录总结	下班前，填写分娩哺乳舍详情记录表	真实、全面和准确
处理和完成白班 1～14 项所有工作，才能下班休息（日清日结）			
		晚　间	
15	重复 1～3 项工作	同上	同上
16	重复第 4 项工作	同上	同上
17	再巡栏一遍，将未尽事项完成	猪群和栏舍，处理和调整为最佳管理状态	做到晚间的事情，下班前要清理一遍，不留有影响猪群健康和生长的事项
处理和完成晚班 15～17 项所有工作后，才能下班休息（夜清夜结）			

(2)分娩舍饲养员日工作安排 如表 7-25 所示。

表 7-25 分娩舍饲养员日工作安排

序号	事项	工作内容	标准与要求
		上 午	
1	上班巡栏	检查猪群是否正常、是否有母猪分娩等紧急事件需要处理	猪群、设施正常状态，猪群异常情况通知主管
2	检查水帘及通风设备	检查水帘及通风设备运行是否正常，并做相应调整	
3	查看“三度”	查看温度、湿度和空气清新度，并做相应调整	以仔猪不挤堆、母猪呼吸不急促和无氨刺鼻为准，相对湿度 65%～75%
4	检查饮水器	对照各类猪只饮水标准进行检查和调整	达到母猪和仔猪正常饮水标准
5	投料准备工作	清理母猪及仔猪料槽，把干净余料喂给其他猪只	投料前食槽干净
6	投料	按猪群投料指南要求投料	按先仔猪后母猪顺序投料，避免采食干扰，母猪投料后 30 min 内采食完
7	清理溢出饲料	收集撒落在过道上的饲料，将个别母猪未吃完的饲料及时分喂其他母猪	饲料不浪费和不变质
8	仔猪教槽补料管理	仔猪 5～7 日龄起补料	坚持仔猪学会自己采食，确保教槽料新鲜，少量勤添，白天不少于 5 次
9	清理栏舍卫生	清理产床粪便和全舍卫生，每周定期 1～2 次用清水清洗产床下面的粪便，同时观察母猪、仔猪的健康并标记	全舍不见灰尘，用具摆放有序、整洁，产床上不见新鲜猪粪，清洁干燥，物见本色
10	仔猪寄养	根据母猪和仔猪状况进行仔猪寄养	寄养仔猪在分娩后 8～24 h 内进行
11	接产	按接产程序和要求随时接产	
12	仔猪保健	协助技术员注射补铁剂 1～2 次，或灌服保健药物	铁剂不外溢，不漏注
13	疫苗注射	协助技术员注射疫苗，观察免疫后情况和抢救过敏猪只	按规定的免疫程序进行免疫注射
14	剪牙、断尾	按规定做好剪牙、断尾工作	剪牙钳和断尾面都要有效消毒
15	转栏	协助技术员转进临产母猪、转出断奶母猪和仔猪	转猪全过程中动作轻缓和谐，忌粗暴和挤压，避免转群应激
16	检查仔猪采食与加料	将个别窝仔猪未吃完的饲料，及时分喂其他窝仔猪，并加料 1 次	饲料不浪费、不变质，让每窝仔猪都能采食到新鲜足量的饲料
17	检查母猪采食与加料	收集撒落在过道上的新鲜饲料，同时将个别母猪未吃完的饲料一起，及时分喂给其他母猪	饲料不浪费、不变质，让每头母猪都能采食到新鲜足量的饲料

续表7-25

序号	事项	工作内容	标准与要求
18	再巡栏一遍，将未尽事项完成	把猪群调整为最佳管理状态	做到上午的事情下班前要清理一遍，不留有影响猪群健康和生长的事项
处理和完成上午 1～18 项所有工作后，才能下班休息(班清班结)			
		下　午	
19	重复 1～11 项工作	同上	同上
20	上午未安排或下午有安排的 12～15 项工作	同上	同上
21	开闸放粪水[指水(尿)泡式猪舍]	每天下午视粪沟粪水位开闸放水，清理粪沟时才能将粪水全部放干，猪只转出后彻底清理并做有效消毒 1 次	保证粪沟水位达到 2/3 的位置
22	消毒	协助技术员按照消毒规定和要求进行带猪消毒或空栏有效消毒。	
23	重复 16～18 项工作	同上	做到下午的事情下班前要清理一遍，不留影响猪群健康和生长的事项
24	记录总结	下班前，填写分娩哺乳舍详情记录表	真实、全面和准确
处理和完成白班 1～24 项所有工作，才能下班休息(日清日结)			
		晚　间	
25	重复 1～3 项工作	同上	同上
26	重复 10～12 项工作	同上	同上
27	仔猪教槽补料管理	仔猪 5～7 日龄起补料	确保教槽料新鲜，少量勤添，晚间不少于 2 次
28	检查母猪采食与加料	在 20:00～21:00 时，加料 1 次，收集撒落在过道上的新鲜饲料，同时将个别母猪未吃完的饲料一起，及时分喂给其他母猪	饲料不浪费、不变质，让每头母猪都能采食到新鲜足量的饲料
29	检查仔猪采食与加料	在 21:00 时，对仔猪采食检查，将个别窝仔猪未吃完的饲料，及时分喂其他窝仔猪，并加料 1 次	饲料不浪费、不变质，让每窝仔猪都能采食到新鲜足量的饲料
30	再巡栏一遍，将未尽事项完成	猪群和栏舍，处理和调整为最佳管理状态	做到晚间的事情，下班前要清理一遍，不留有影响猪群健康和生长的事项
处理和完成晚班 25～30 项所有工作后，才能下班休息(夜清夜结)			

(3)分娩时工作安排　如表 7-26 所示。

表 7-26　母猪分娩时工作安排

序号	事项	具体要求和技术要点	备注
1	检查	根据分娩信号做好接产准备	
2	做好分娩准备	察看临产症状。检查母猪健康，搔挠其后背与按摩乳房并与其亲近。准备消毒药液、常规输液药液、接产用具、保温设备、保健药物等	

续表7-26

序号	事项	具体要求和技术要点	备注
3	分娩前消毒	分娩前 2 h 对母猪全身及其产床清洗消毒干燥后，在其后躯躺下的区域和保温箱底部，垫上已消毒的干净麻袋或电热板	
4	常规保健	分娩过程中静滴补液，或有必要注射长效抗生素，增强母猪分娩时的子宫收缩力	
5	擦干黏液	仔猪出生后，擦干仔猪的口鼻及全身黏液，涂干燥粉。待全身干后及时喂初乳	
6	辅助吃奶	母猪分娩后，尽量提早让仔猪吃到初乳，要求 6～8 h 内吃 10 次初乳	
7	假死仔猪急救	先尽快将口、鼻内的黏液清理干净，倒提后腿、按呼吸频率拍胸拍背、人工呼吸、温水浸泡(40 ℃，口鼻朝外)	
8	难产与难产处理	母猪一般正常产程为 2～3 h，每头仔猪产出间隔时间为 15～30 min。产程长超过 3 h 或每头仔猪产出时间间隔超过 60 min 即可按难产处理 人工助产：助产人员由前向后推按母猪乳房，肌内注射催产素(10 IU 或 20 IU/次)或增加输液，使用消毒的助产工具 母猪难产处理，严禁饲养员私自用手伸入母猪产道内掏拉仔猪(主管指导下除外)。人工助产无效时，饲养员应及时报告技术员，技术员负责做其他方法处理	接产
9	分娩后检查与消毒	母猪分娩后 2 d 内，检查 4～6 次/d。发现未产完或胎衣未排净的母猪及时采取措施。分娩完毕仔猪吃过初乳，对母猪后躯用消毒药液清洗消毒，同时用蘸有消毒药液的拖把将产床清理干净，待产床干燥后把仔猪放出吃奶(关闭仔猪时间不得超过 45 min)	
10	固定乳头	弱小仔猪固定在母猪的前侧乳头，对分娩少的后备母猪必须让部分仔猪固定 2 个乳头，以确保每个乳头都能充分利用	
11	剪牙	仔猪剪牙要纵向剪，1 次完成，断面平整，不损伤牙龈、牙床和舌头，防止仔猪食入碎牙	出生 12 h 内进行，并做好消毒和止血工作
12	断尾	仔猪断尾，先用止血钳夹住离尾根 3～4 cm 处，从紧靠止血钳的尾尖端剪断，涂上碘酊，松开止血钳	
13	去势	仔猪去势，给非种用小公猪去势(附睾、精索全部去除)，去势前后都要用酒精消毒	5～7 日龄
14	喂服保健药	给初生仔猪喂服药物，预防拉稀	出生 12 h 内
15	寄养	寄养仔猪，必须先吃亲生母猪的初乳 10～12 次后才能寄养，把先产的仔猪寄给后产的母猪哺乳，经产与初产的后裔不交叉寄养，病猪不允许寄养	
16	子宫冲洗	根据具体情况不同进行处理	
17	分娩后保健	对于产死胎、难产等非正常分娩的母猪，用生理盐水 500 mL＋青霉素 640 万 IU＋20 mL 鱼腥草输液或长效土霉素肌内注射	

(二)分娩舍饲养管理操作规程

1.分娩舍操作要点

(1)一接,即接产。

(2)二补,即补铁、补料;出生的2～3 d仔猪补铁;出生的5～7 d仔猪补料。

(3)三剪,即剪号、剪牙、剪尾。

(4)四断,即断脐、断根、断毒、断奶。

(5)五去势,即出生5～7日龄仔猪去势。

(6)六接种,即出生10日龄后开始仔猪免疫接种。

要求出生时或12 h之内,一次性完成。

2.母猪饲喂操作规程

(1)分娩前母猪的饲喂　母猪进入分娩舍时,观察母猪的采食情况,母猪喂2次/d,2～2.5 kg/次。分娩前3 d逐渐减料(控制在1.5～2 kg/次),直至观察到有分娩迹象时停料,尽量减小母猪腹部的压力。

(2)母猪分娩当天停止喂料,产完仔后可赶起母猪饮水。

(3)母猪分娩后的饲喂　分娩后的投料量要先从少量逐渐增加,让母猪每次都能吃完所投的料。分娩后第1天上下午各喂0.5 kg,第2天各喂1 kg,第3天各喂1.5 kg,以后每天增加1 kg或更多。

(4)调节饲喂量　母猪分娩后体质较虚弱,代谢机能差,一般要5～7 d才能恢复,母猪产后1～3 d平均采食量3～4 kg/d,4 d之后平均采食量5～7 kg/d,因此原则上分娩后5 d可达到7 kg/d以上。为了哺乳期母猪采食最大化,从分娩第5天开始自由采食。喂料时要给予母猪尽量多一些的关怀,因为它和小猪的体况都要受母猪采食量的影响,每天给母猪的饲料量应新鲜。哺乳母猪的饲喂如表7-27所示。

表7-27　哺乳母猪饲喂量

阶段或类别	日投料量/kg	饲料种类	每天投料次数
分娩当天	1.0～1.5	哺乳料	1
分娩后1～3 d	1.5～3.0	哺乳料	2
分娩后5 d～断奶前3 d	自由采食	哺乳料	2～3
断奶前2 d～断奶	4.5～6.0	哺乳料	2～3

(5)调整料盒刻度　投料前先清扫残存饲料,投料时要注意母猪每次吃完投料的情况下才能逐渐增加,如果料槽剩料过多,调小料盒刻度或者暂时关闭料盒,如果料槽过于干净,母猪表现食欲未满足,调大料盒刻度。放料2次/d,最好是在早上7:00～8:00,下午17:00～18:00饲喂。在炎热的夏季可改为放料3次/d,以增加母猪的采食量。

(6)断奶前2 d母猪的饲喂　除个别较瘦的母猪外,一般应减料,以利母猪收奶和仔猪采食更多饲料,使仔猪适应植物性饲料,减少断奶引起的应激。

(7)打料　启动料线系统打料,打料2次/d,时间分别是上午9:00,下午17:00(图7-22)。

3.进母猪前操作规程

(1)准备好个人防护品　包括头部、身体、手部和脚部防护品。

(2)栏舍冲洗前准备　检修高压清洗设备/高压清洗机,按需求组装且摆放好高压清洗设备/高压清洗机的电源线、水管、水枪、枪头,对猪舍的设施设备进行全面检查,清理待洗单元的杂物,关闭相关电源,擦拭并消毒保温灯、风机百叶、控电箱等,填写猪舍设备检查表,参见猪场猪舍设备检查表(附件二)。并将消毒好的保温灯撤出待洗单元,放置指定的干燥区域,将相关电源的插头插座使用塑料袋包起防止进水,检查电源控制箱是否关闭。

(3)栏舍浸泡冲洗　先将栏舍自上而下全部浸润,粗洗一遍,换上发泡剂的枪头,按比例稀释好发泡剂,整个单元打上发泡剂,静置 0.5～1 h。开始自上而下、由内而外地精洗栏舍(图 7-23)。

图 7-22　启动料线系统

图 7-23　猪场冲洗系统

(4)干燥　冲洗结束后,将风机全部打开进行栏舍干燥 2～4 h。

(5)检修　待栏舍干燥后,检修环控设备、料线设备、水线系统、产床等是否完好,发现问题及时维修。

(6)消毒　按比例稀释消毒剂,进行栏舍消毒。消毒后,栏舍内刷石灰乳,检查饮水器。注意检查料槽内是否有残留的石灰乳和烧碱。水线消毒并检查饮水嘴水压是否正常或者有无堵塞。

(7)通风干燥　消毒结束后,按要求静置,过了静置时间后将风机全部开启进行栏舍干燥。

(8)产床安装　安装产床的工具及物品,保温灯、保温灯灯泡、照明灯灯泡等,安装产床、后门、防压杠、水槽、调节料球、料斗刻度等。

(9)栏舍彻底清洗消毒后,空栏 7 d,保持栏舍干燥。冬天可使用热风机烘干。

(10)进猪前对栏舍交替使用喷洒戊二醛、有机氯制剂或烟熏等消毒,至少消毒 2 次。

(11)母猪进入分娩栏后应及时对母猪及室内进行消毒。

4.母猪分娩操作规程

(1)判断分娩　每天上班时检查母猪有无分娩的迹象。母猪分娩前特征:

①产前 7 d　腹部膨大下垂,乳房红肿、乳头外张、呈八字形,颜色红亮。

②产前 3～5 d　阴户红肿,肌肉松弛,尾根两侧皮肤下陷。

③产前 13～24 h　食欲减退或无食欲,站立不安,在栏中抓地板,啃咬栏和料槽,阴户肿

胀明显，乳房肿胀并有少量乳汁流出。

④产前 12 h　不愿意站立，频繁小便，从阴户中流出少量黏稠的血液，乳汁增多，并从乳房渗出。

⑤产前 6～12 h　食欲下降，甚至不起身吃料，出现扒脚和擦栏的现象，烦躁不安。

⑥产前 3～5 h　兴奋不安，呼吸加快(发出连续喘息声)，粪尿频繁，下卧，四肢伸直。

⑦临产前 1～2 h　大多数时间还是躺着，呼吸急促，可能出现颤抖，阴户中有羊水流出。

⑧即将分娩　尾巴从一边甩到另一边，并想抬高一条后腿。

(2)产前准备

①物品准备　密斯陀(干燥粉)、胎衣桶、一次性防护用品、巡查记录表、产仔信息记录卡、大桶、盆、板夹、燕尾夹、圆珠笔、黑色垃圾袋、一次性注射器、16×38 针头、电子手表、粪铲、刷子等。

②药品准备　抗生素、催产素、卫可、碘酊、75%酒精、镇静剂、止血敏、生理盐水。

③保温设施　检查待产环境温度设置，保温灯功能，电热板铺设。如发现有分娩迹象母猪，开启保温灯提前预热，垫上已消毒干净的电热板。

④人员准备　接产人员将指甲剪短、磨光、手臂洗净，并用消毒液消毒。3 人轮换制巡栏，白班为 7:00～11:00，14:30～18:30；中班为 11:00～14:30，18:30～22:30；夜班为 22:30～次日 7:00；值班人员每半小时巡查 1 次。

⑤清洁母猪　分娩前 2 h 对母猪全身及其产床清洗、消毒、干燥后，在其后躯躺下的区域和躺卧区底部垫上已消毒的干净麻袋或电热板。

⑥清洁产床　佩戴好一次性手套，用清洗消毒好的粪铲清理临产产床上的粪便。

(3)接产护理

①对临产母猪的外阴部及乳头用 1∶200 卫可消毒液擦洗干净(气温低于 10 ℃时一定要用温水)，并挤出一点初乳。

②仔猪出生时，如果脐带还未脱离胎盘，一手托住仔猪，一手抓住脐带拉出。

③仔猪出生后首先用干净柔软的毛巾擦净口腔和鼻腔的黏液，清除胎膜，然后擦干全身。冬天用密斯陀(干燥粉)吸走身体的水分。断脐带、剪牙、剪尾。先把脐带中的血液向腹部挤压，在距腹部 8～10 cm 处剪断，用线结扎、涂上碘酒，并将擦干后的仔猪放置在保温灯下和电热板上或放入保温箱，等干燥后再进行剪牙(防止仔猪咬伤乳头或互相咬伤)、剪尾(1/3 处，断尾余 2～3 cm)。

④胎衣和胎盘一般是在产仔结束后 1～3 h 内排完，产后需观察胎衣、恶露是否正常排出，如若没有胎衣产下来，要及时报告。

⑤仔猪吃初乳　失乳的仔猪尽早进行人工哺乳或寄养，做到定时、定量、定温。

⑥母猪分娩结束，监产人员穿戴一次性防护衣和手套，将胎衣、死胎及死亡仔猪从产床拿出，置于胎衣收集桶内，放回指定位置(处理死胎和胎衣人员严禁进入分娩舍)。

⑦随时观察分娩舍室内的温度(母猪分娩 1～3 d 室内目标温度为 24～25 ℃)，适时做好保温通风，但必须先做好保温才实行通风。

⑧仔猪出生后实行 24 h 看护，谨防压死、冻死、饿死。

(4)确认弱仔、畸形和活仔　新生仔猪耳号在出生后 24 h 内必须编制完(2 次/d)，确认活仔、弱仔、畸形仔猪。填写母猪产仔信息卡，记录每头仔猪的娩出时间和仔猪数量（总产、活产、死胎、木乃伊）及死胎、木乃伊的数量，标记畸形猪。参见日报表填报项目解释表（附件一）和猪场分娩生产记录表（附件十）。

①弱仔　母猪分娩出的先天发育不足、出生后不会吃奶、体质衰弱、初生重低于 0.8 kg 的仔猪。弱仔视为饲养活仔，计入哺乳仔猪存栏数，但是不计入产房存活率。

②畸形仔猪　即母猪分娩出的发育异常仔猪，如八字脚、无肛门、严重体弱等。

③目测即可分辨出身体状况不佳的，记弱仔。

(5)难产处理

①产仔间隔一般为 10～20 min，第 1 胎与第 2 胎之间通常时间间隔 为 30～40 min。分娩全程时长一般为 2～4 h，但也可能持续 4～6 h。如母猪有羊水排出，强烈努责后 1～2 h 仍无仔猪产出或产仔间隔超过 1 h，即为难产。

②缩宫素的使用　如果母猪有难产或排不出胎盘的现象，就要注射缩宫素。在注射缩宫素前，要先用手伸进母猪的阴道内检查是否有小猪堵塞。缩宫素每次的使用剂量为 10～20 IU，必须在产出第 1 头仔猪后 45 min 无仔猪产出时使用。注射 30 min 后仍未产出仔猪的要立即检查产道和人工助产。

③助产　高胎次母猪子宫收缩无力，后备母猪超过 20 min 仍无新生仔猪，经产母猪有羊水排出，强烈努责后 1～2 h 仍无仔猪产出或产仔间隔超过 1 h，出现呼吸困难，则需要及时助产。

④施行助产前必须用肥皂和 1∶200 卫可消毒液擦干净母猪的外阴和后臀。

⑤消毒双手，将适量的润滑剂挤到手套掌心，手套外面涂抹润滑剂，将手套内侧翻出，来回揉搓，使整个手套涂上凝胶。

⑥助产前，戴手套的手掌五指并拢握成锥状缓慢伸进母猪产道；母猪产道收缩用力时手臂停止，产道松弛时再往里面试探，直到摸到仔猪（手深入不必超过骨盆）。

⑦抓紧小猪，慢慢拉出，以免伤害母猪和小猪，注意在母猪每次用力时，顺势拉出一点。

⑧假死仔猪急救　当仔猪出来后，遇有仔猪假死（心脏还跳动）应立即急救。先将鼻腔及口腔中的黏液拭掉，左手抓住仔猪后肢，将其倒吊，右手拍打背部或将仔猪仰卧放在麻袋上，腹部朝上，左右手分持其前后肢，进行屈伸运动以促进呼吸。如果仔猪呼吸有困难，捏仔猪胸部的胸骨，以帮助呼吸，切忌向仔猪的嘴吹气。

⑨助产完后对母猪用 0.01% 的高锰酸钾液冲洗子宫，然后灌注生理盐水抗生素液（宫炎清等）。对产出多头死胎或木乃伊的母猪也做同样的处理。

⑩填写记录　在母猪产仔记录卡中注明“助产”，方便跟踪护理。

5.分娩后的管理

(1)母猪的产后护理

①产后及时消炎（进行输液、注射抗生素），母猪产前 3 d～产后 7 d，母猪饲料中添加利高霉素进行消炎护理。

②难产并经过助产的母猪需进行第 2 次消炎。

③产后流脓的母猪要进行重点消炎，必要时要冲洗子宫，直到开始出现清亮液体为止。

(2)仔猪出生后的护理

①吃足初乳　吃初乳前要清洗和用0.1%的高锰酸钾液消毒母猪乳头。

②固定奶头,防止争抢　仔猪每次吃奶时至少保证每头仔猪有1个奶头,奶头泌乳量为前头多后头少,原则上让个体较大的吃后头,个体弱小的吃前头,种猪则按需要安排。一般经2～3 d的训练,小猪便可形成习惯,防止日后争抢奶头。

③仔猪寄养

Ⅰ.仔猪数太多,造成没位吃奶。为了提高有效哺乳奶头数,应尽可能地给初产母猪多带一些仔猪,原则上带仔10头以上,每窝仔猪,至少每头有1个有效奶头吃奶。还应尽可能把仔猪留在亲生母猪的猪栏里饲养。

Ⅱ.给仔猪做完剪牙、断尾等工作后,立即进行并窝寄养工作(24 h以内)。仔猪要在吃到初乳10～12次后才能寄养。仔猪调栏时应选最强壮的仔猪调出,而把弱小的仔猪留在亲生母猪的栏里。

Ⅲ.仔猪只能寄养到出生日龄相近的仔猪窝中,防止母猪乳中营养成分的浓度不一样,引起仔猪肠胃不适而导致下痢。

Ⅳ.如果需要做调整时,应是出生早的仔猪优先,出生晚的在后。仔猪有病时,不得调栏。下痢仔猪不能寄养到健康猪群内。

Ⅴ.记录好仔猪寄入、寄出去向。

④仔猪补铁　产出后2～3 d内进行补铁2 mL/头(注意铁剂应摇匀后再使用,最好在大腿内侧肌注)。

⑤去势　5～7日龄小公猪去势(注意岔开打疫苗时间),八字脚及较弱小的仔猪可暂时不去势、剪牙及剪尾,待生长良好、体型较大时再进行。

⑥仔猪补料　仔猪补料先撒少量教槽料到仔猪料槽中,调教仔猪开食,要及时清走料槽中的粪便,哺乳仔猪具有生长发育快和生理上仍不成熟的特点,教槽料必须保持干净、新鲜,做到“少食多餐”。

Ⅰ.仔猪在5～7日龄时开始诱食调教。

Ⅱ.仔猪补料以少喂多餐为原则,仔猪的饲料量要小心控制,视采食情况而增减。

Ⅲ.每次投料前先清扫剩料,保持饲料新鲜。

Ⅳ.在仔猪断奶前1周,每天改喂3次或更多,尽量使仔猪在断奶前能吃到更多的饲料。

⑦按免疫程序注射疫苗。

(3)分娩舍环境控制

室内温度高于30 ℃时,开启风机水帘降温;低于18 ℃时,升温;其他情况,视温度、湿度和风力大小等,开关门窗进行调节温度,以乳猪不挤堆为适宜温度。分娩后必须在仔猪活动区域或保温箱内挂上保温灯,最好在保温区垫上电热板,以吸引小猪离开母猪身边,避免被母猪压死。如果仔猪远离灯下睡觉,应关闭保温灯。要注意日夜间的温差,天气凉时,下班前挂上保温灯。要处理好母猪和哺乳仔猪对温度要求不同的矛盾,以免影响仔猪和母猪。相对湿度在60%～70%及以下时,可适当增加冲水以增加湿度;而湿度较大时,则应减少冲水和舍内用水,保持舍内干燥。当有较多仔猪拉稀时,应及时清理粪便,严重时使用生石灰干燥和消毒。分娩舍环境控制如表7-28所示。

表 7-28 分娩舍环境控制

序号	环境指标	上下限值
1	温度	舍内大环境温度：11 月～翌年 4 月保持 20～22 ℃，5～10 月保持 18～20 ℃；仔猪保温灯下温度：1～3 d 保持 32～35 ℃，4～7 d 保持 28～32 ℃，8～15 d 保持 25～28 ℃，15～30 d 保持23～25 ℃
2	湿度	60%～70%
3	空气标准	NH_3<15 mg/m^3；H_2S<10 mg/m^3；CO_2<0.2%；细菌总数<5 万个/m^3；粉尘<1.5 mg/m^3
4	风速	冬季风速为 0.15 m/s；夏季风速为 0.4 m/s，当温度>28 ℃时，可适度加大，但不宜超过 4 m/s
5	通风方式	夏季采用猪舍密闭，纵向通风；春、秋季采用自然通风为主，辅之以机械通风；冬季采用猪舍密闭，通过中央进风管道进风，通过屋顶进风扇排风
6	换气量	冬季最大换气量为 0.35 m^3/(kg・h)，春、秋季 0.45 m^3/(kg・h)，夏季 0.6 m^3/(kg・h)
7	备注	以上除温、湿度外的其他指标，由于各类猪场的测定条件不同，可根据人的感官感觉来决定，人觉得舒服，则猪也会感到愉快，再者，表中的数据也不是固定的，要根据猪群的实际状况来适当调整猪舍的环境参数

(4)仔猪和母猪保健

①当仔猪发生下痢或生长发育不良时，应随时检查母猪，是否有乳房炎、无奶或奶水过多。对仔猪下痢要采取积极的办法治疗，仔猪以口服抗生素为佳，可肌注抗生素；对发育不良的仔猪可加喂人工乳。

②母猪产后无奶，可肌注 10～20 IU 缩宫素催乳和饲料中添加催乳散，各 1 次/d，连用 3 d。预防母猪产后无奶，可采用母猪分娩结束后立即注射 2 mL 前列腺素，因前列腺素能溶解残存黄体，降低母猪血液中孕酮的含量，从而使泌乳刺激素增多，促进母猪泌乳。

(5)做好日常产仔及死亡登记。参见日报表填报项目解释表(附件一)和猪场猪舍日常情况记录表(附件五)。

6.仔猪断奶操作规程

(1)断奶前准备

①猪只准备　确定断奶单元、断奶母猪数和断奶仔猪数。有计划地安排好每周断奶的数量，以均衡生产为原则，以周为单位做适当的调整，切实做好与保育舍的管理衔接。

②物资准备　防护物资(包括防护服、乳胶手套、长臂手套、长筒鞋套等)，消毒物资(包括卫可、喷雾器等)，注射器械，赶猪工具(包括挡猪板、不锈钢镂空栅栏)等。

③道路规划　与配怀主管沟通好断奶时间，并把问题猪只标记。利用不锈钢镂空栅栏规划好通道，确保转移猪只时顺畅无障碍。将规划的道路用 1∶200 卫可溶液进行消毒。

④仔猪免疫　1 人免疫，2 人抓猪；按出猪顺序转猪至中转运输车(如果需要抓猪人员安排 1 人打耳牌)。

(2)适时断奶　为了最大限度地发挥母猪的生产效益，仔猪断奶日龄为 19～25 d，平均日龄 21 d。

①实行一次性断奶。断奶时尽量让相邻两窝仔猪一起并栏，以减少打架。

②仔猪断奶时，先提前赶走母猪，仔猪留在原产床饲养 3～5 d，以减少断奶应激。

③赶母猪时，根据母猪的体况和强弱 4～5 头为 1 组，经消毒后，赶回配种妊娠舍。

④仔猪转栏　不可将全部仔猪一窝蜂地赶入保育舍，也不要使用扫把、棍棒等硬物件来赶猪。动作温顺而缓慢地将仔猪用车运至保育舍。

(3)做好收尾工作

①全部猪只转出后将防护用具脱下装好打包扔出出猪台，疫苗空瓶、免疫、转猪工具收拾消毒。

②对转猪过道、仔猪中转运输车和出猪台冲洗干净，并用 1∶200 卫可溶液进行消毒。

(4)仔猪转群参数

①抛猪原则　先抛非正常猪只，眼观有疾病，体重<4 kg(原则上全抛)。非正常猪只由技术员鉴定。

②转群达标体重　产仔转保育体重≥4 kg。

③转群标准日龄　哺乳仔猪断奶平均 21 日龄。遇到特殊情况：如转群时日龄不到，抛猪原则不变。

(5)断奶仔猪管理

①断奶仔猪 7 d 内喂人工乳，再慢慢向保育料过渡，按少量多餐投料。

②每天都要观察断奶仔猪是否拉稀、不吃料，是否有脚痛等其他异常情况。

信息化拓展资源 4：
分娩舍生产标准

(三)其他方面管理规范

(1)防疫消毒工作。采取喷雾消毒，正常情况 1 周 2 次，特殊情况具体安排。室内，产仔期间粪沟冲洗 1 次/d(先把床底下粪清入粪沟再冲洗)，平常 1 次/2 d，栏上保证无猪粪；室外 1 周 1 次。门口消毒池、洗手盆内消毒液每周更换 2 次。

(2)舍内的各种设备如有异常应及时通知维修人员检修。

(3)突发事件处理，如产仔时母猪大量出血、难产、母猪采食不正常等，必须进行采样检测和及时处理。

(4)每周末清点 1 次哺乳仔猪存栏数，发现偏差及时更正。

(5)记录数据、资料等要及时准确地填写，不可弄虚作假。

(四)提高猪场 PSY 的方法

(1)选择优良品种，调整胎龄结构　要选择适合本场的种猪品系，以最大限度地发挥母猪生产潜力；科学更新、淘汰母猪，使猪群胎龄结构更趋合理。母猪的胎龄影响母猪的产仔数。其中 3～6 胎产仔数较高，应将母猪群中 3～6 胎的比例维持在 45%以上的水平，平均胎次保持在 2.5～3.0，这样可以达到最佳繁殖性能。

(2)缩短非生产日，提高配种受胎率　母猪在断奶后要给以高能量饲料和充足的采食量，来刺激母猪早发情。

(3)提高排卵率和降低胚胎死亡率　母猪的排卵率决定了窝产仔数的上限，然而对排卵率进行的选育并没有能够增加窝产仔数，原因是随着排卵率的增加，胚胎死亡率也会增加。因此，选拔繁殖性能高的母猪，掌握好配种时机，避免后备母猪过肥，让肌肉和骨骼发达，采取增量饲喂，保持哺乳母猪体重减少最小化，保持栏舍适宜环境温度和湿度，是提高母猪排卵率和降低胚胎死亡率的重要措施。

(4)控制霉菌毒素　霉菌毒素对母猪的影响,除导致机体实质器官病变、免疫功能抑制外,还会导致母猪假发情、不发情,甚至引发流产、死胎等。因此,要从源头上控制饲料霉变,杜绝用霉变的饲料饲喂母猪。

(5)精准饲养管理　要对母猪整个繁殖周期的饲喂量进行整体控制,必须保证母猪哺乳期高的采食量,除了泌乳期饲料质量的保证外,要在妊娠期控制母猪的采食量,因为妊娠期高的采食量,会导致哺乳期采食量降低。尤其母猪分娩前 3 d,要限制母猪采食量直到最后 1 d,这样分娩后母猪采食量会迅速上升,从而保证良好的乳汁质量和充足的泌乳能力。另外,妊娠期饲料也要控制,基本原则是妊娠前期严格控制采食量,后期(84～114 d)适当增加采食量,目的是为了保证胎儿的出生重和较高的泌乳能力。

(6)做好疾病防控　疾病风险是养猪最大的风险,关键是构建猪场生物安全体系,并根据猪场实际情况实施科学的免疫程序,做好母猪的繁殖性障碍疾病(包括生殖系统疾病和传染性繁殖障碍性疾病)的防控。

【思考题】

1.促进后备母猪发情的措施有哪些?

2.简述公猪采精的 8 个步骤。

3.精液品质检查项目有哪些?

4.什么是母猪发情周期?

5.母猪发情周期分为哪几期?

6.怎样对母猪进行发情鉴定?

7.简述母猪预产期 333 推算法。

8.简述妊娠母猪 B 超孕检操作。

9.分娩舍的操作要点包括哪些方面?

10.简述假死仔猪急救方法。

11.怎样进行仔猪寄养?

12.简述提高猪场 PSY 的方法。

二维码 7　母猪场饲养管理操作规范思考题及答案

项目三

育肥场饲养管理操作规范

任务八　育肥场工作岗位操作要求

【思维导图】

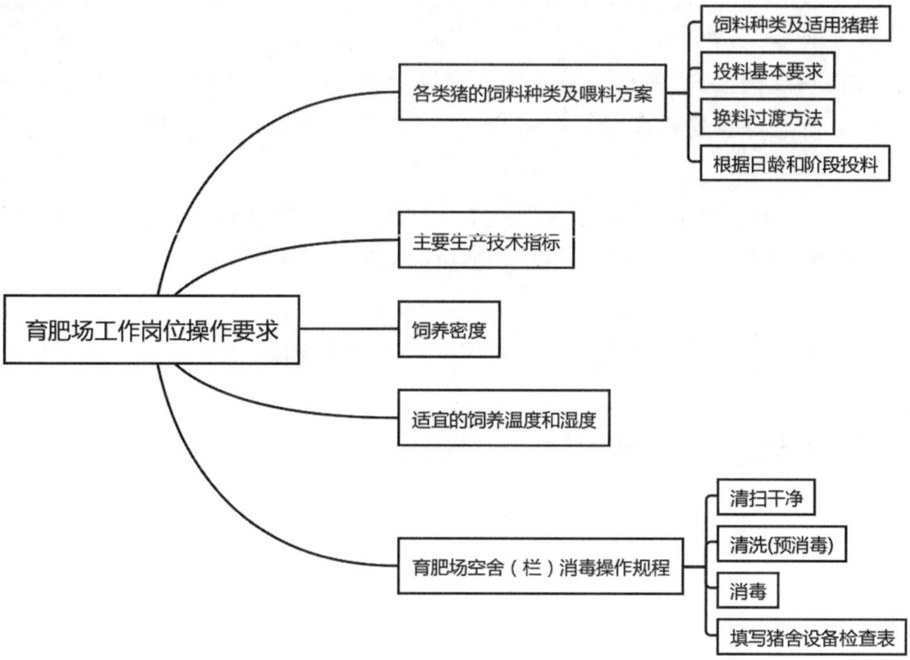

【工作目标】

1.实行精准营养，确保育肥场各类猪的喂料方案落实，推动养猪业绿色发展；

2.实行精准饲养管理，确保育肥场的饲养管理日常技术指标完成；

3.规范育肥场空舍(栏)消毒操作，确保生物安全。

【职业素养】

1.实行精准营养，实施乡村振兴战略；

2.推进饲料禁抗和锌铜等微量元素减量化，推动生态健康养殖；

3.具有爱岗敬业、精益求精、开拓创新和团结务实的劳动精神和工匠精神。

一、各类猪的饲料种类及喂料方案

1.饲料种类及适用猪群

饲料种类及适用猪群如表8-1所示。

表8-1 育肥场饲料种类及适用猪群

饲料类别	适用猪群	日投料量(g/d)	饲喂方式	料型
教槽料	35日龄前	200～300	人工投料	100-1
保育前期料	36～50日龄	300～800	自由采食	100-2
保育后期料	51～70日龄	800～1 200	自由采食	100-2
小猪料	25～55 kg(约45 d)	1 200～2 000	自由采食	200
中猪料	55～75 kg(约25 d)	2 000～3 200	自由采食	300
大猪料	75 kg～出栏	2 000～3 200	自由采食	400

2.投料基本要求

各岗位按投料规则投料、换料。遵循先进先投原则,生产日期在前的饲料要先投喂完,保证饲料不变质。投料动作要求准、轻、快,掉到食槽外的饲料要及时捡入食槽。

3.换料过渡方法

第1天换25%,第2天换50%,第3天换75%,第4天全部换料。在往饲料车中倒饲料时,根据2种饲料用量,采取1层旧料加1层新料的方法,倒完后混合好,3～5 d完成换料过渡。

4.根据日龄和阶段投料

根据猪的品种、日龄、阶段等按各自投料表中的数量区间逐步增加或减少,禁止突然大量加料或减料。

二、主要生产技术指标

育肥场主要生产技术指标如表8-2所示。

表8-2 育肥场主要生产技术指标

项目	指标	项目	指标
购买或转入仔猪	≥6.5～9(个体重不低于6.5)kg	25～100 kg日增重	≥800 g
保育期成活率	≥97%	育肥期成活率	≥98%
7周龄个体重	≥15 kg	全程成活率	95%
60日龄	转育肥	料重比(7～115 kg)	2.65∶1
10周龄个体重	≥25 kg		

三、饲养密度

育肥场饲养密度如表8-3所示。

表8-3 育肥场饲养密度

阶段	体重	周龄	每头猪占面积	备注
保育	6～25 kg	5～10周	0.3～0.35 m^2	漏缝地面
育肥	25 kg以上	11周龄以上	0.5～0.9 m^2	漏缝地面

四、适宜的饲养温度和湿度

育肥场适宜的饲养温度和湿度如表 8-4 所示。

表 8-4　育肥场适宜的饲养温度和湿度

猪的类别	日龄	适宜温度/℃	适宜湿度/%
保育猪	26～70	22～25	60～75
育肥猪	71 以上	18～20	60～75

五、育肥场空舍(栏)消毒操作规程

1.清扫干净

(1)转走所有存栏猪。

(2)尽可能拆除及移走围栏、料槽、垫板、网架等设备。

(3)尽可能移走舍内所有物品。

(4)彻底清除排泄物、垫料和剩余饲料,确保清扫干净。

2.清洗(预消毒)

(1)喷水浸泡栏舍。

(2)高压冲洗:浸泡 6 h 后用高压水枪冲洗干净。

3.消毒(喷洒、浸泡、涂刷)

(1)喷洒泡沫清洗剂。

(2)喷洒泡沫清洗剂 30 min 后,再用清水冲洗干净。

(3)干燥 4 h 后再消毒(刷 20%石灰乳或消毒剂消毒),要求自上而下喷洒表面充分湿润,保证墙壁、地面及设备均得到消毒。

(4)晾干,确保有 5 d 的空栏时间。

4.定位

各种设备消毒后放回原处安装。

5.对栏舍内所有仪器设备进行检查

一旦发现有不能正常使用的仪器设备,马上进行维修。

6.填写猪舍设备检查表

参见猪场猪舍设备检查表(附件二)。

【思考题】

1.简述育肥场主要生产技术指标。

2.育肥场适宜的饲养温度和湿度有何要求?

3.简述育肥场空舍(栏)消毒操作规程。

二维码 8　育肥场饲养管理操作规范思考题及答案

任务九　保育舍饲养管理操作规范

【思维导图】

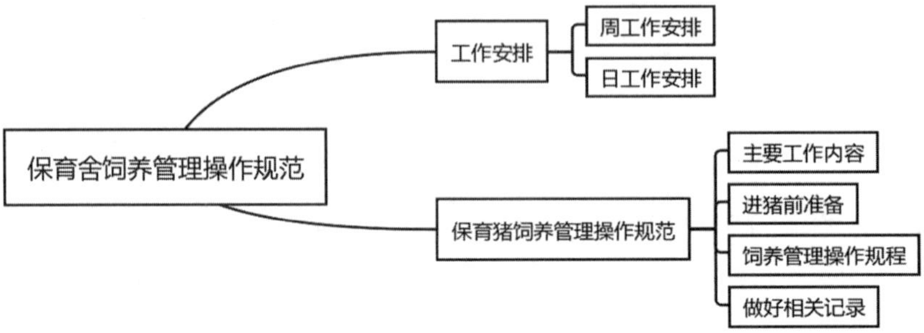

【工作目标】

1.确保保育仔猪成活率97%以上；

2.确保63日龄转出体重20 kg以上，77日龄转出体重30 kg以上；

3.做好保温工作的同时，做好通风工作，保证室内没有较严重的NH_3、H_2S等刺激性气味以及粉尘。

【职业素养】

1.实行精准营养，推动生态健康养殖；

2.推进饲料禁抗和锌铜等微量元素减量化，实施乡村振兴战略；

3.具有爱岗敬业、精益求精、开拓创新和团结务实的劳动精神和工匠精神。

一、工作安排

1.周工作安排（根据具体情况做出安排）

保育舍周工作安排如表9-1所示。

表9-1　保育舍周工作安排

日期	工作内容
星期一	清洁、带猪喷雾消毒，更换消毒池、盆药液
星期二	疫苗注射
星期三	转栏及冲洗、消毒空栏
星期四	清洁、带猪喷雾消毒，更换消毒池、盆药液
星期五	分群、转群
星期六	周围环境卫生清扫、整理和消毒
星期日	工作总结与计划

2.日工作安排

保育舍日工作安排如表 9-2 所示。

表 9-2　保育舍日工作安排

顺序	事项	具体内容	备注
		上　午	
1	上班巡栏	检查猪群整体情况和处理应急事件	异常猪隔离和采样
2	检查水帘及通风设备	检查水帘及通风设备运行是否正常,并做相应调整	以猪只不挤堆和呼吸正常为标准
3	调整"三度"	查看温、湿度、空气清新度并做相应调整	
4	投料准备	检查余料情况和处理受污染食槽	
5	投料	根据猪只的采食情况确定投料类别和数量	
6	减少浪费	及时清扫和收集撒落到地上的干净饲料,投喂猪只	无污染饲料才能收集饲喂
7	检查设备	检查饮水器和通风设备等。饮水器是否损坏堵塞、漏水并做处理,同时检查其他设备	重点检查饮水器是否正常
8	协助疫苗注射	进行疫苗注射和解救过敏猪只	
9	转栏	开展转进断奶仔猪或转入保育仔猪	适时转栏
10	卫生清扫	清扫过道、走廊、赶猪道、窗台、墙壁的卫生,将保育床水泥地粪便清入粪池	必要时进行干粪清理
11	检查仔猪采食与加料	根据仔猪采食情况,加料 1 次,让仔猪采食到新鲜足量的饲料	不浪费饲料,无酸败和变质饲料
12	环境清理	对环境卫生进行清扫和整理,生产用具摆放整齐	上、下午各 1 次
13	再次调整"三度"	查看"三度"并做好相应调整	填写《猪舍日常情况记录表》
14	再巡栏一遍,将未尽事项完成	把猪群调整为最佳管理状态,检查电器及饲料库存,并关好灯、水等,下班,避免过多打扰猪只休息	做到上午的事情下班前要清理一遍、不留有影响猪群健康和生长的事项
处理和完成上午 1～14 项所有工作后,才能下班(班清班结)			
		下　午	
15	重复 1～7 项工作	同上	同上
16	上午未安排或下午有安排的 8～9 项工作	同上	同上
17	重复 10～12 项工作	同上	同上
18	清扫栏舍	视温度、湿度、卫生和猪群状况,对保育栏等进行清扫	每周 2～3 次
19	有效消毒	协助技术员带猪消毒并更换消毒桶、盆药液	
20	重复 13～14 项工作	同上	
21	记录总结	下班前,填写保育舍的记录表	真实、全面和准确
处理和完成 1～21 项所有工作后,才能下班休息(日清日结)			

二、保育猪饲养管理操作规范

1.主要工作内容

(1)做好仔猪转入后的护理,环境的消毒,温度、湿度、通风换气的控制,病猪的治疗与隔离等。

(2)平稳的饲料过渡,合理的喂料模式,提供个体大、均匀度好的健康保育仔猪。

2.进猪前准备

(1)栏舍彻底清洗消毒后,空栏时间不少于5 d(图 9-1)。

(2)检查猪栏设备及饮水器是否正常,填写猪场猪舍设备检查表(附件二)。

(3)夏天做好防暑降温、通风工作;冬天做好栏舍升温保暖工作。

图 9-1 保育舍空栏

3.饲养管理操作规程

(1)按计划转入仔猪 根据体重大小、强弱进行合理的分栏饲养,按照每栏 0.3～0.35 m^2/头进猪。

(2)采取分阶段的饲养模式进行饲养,按投料规则投料 第 1 阶段(22～24 日龄)饲喂教槽料,第 2 阶段(25～45 日龄)过渡后喂保前料;第 3 阶段(45 日龄～25 kg)饲喂保后料,第 4 阶段(25～55 kg)饲喂中猪料。

(3)饲料过渡 第 1 天换 20%,第 2 天换 40%,第 3 天换 60%,第 4 天换 80%,第 5 天全部换料。根据仔猪采食情况,及时加料,使保育猪采食到足够的新鲜饲料。

(4)上班巡栏检查猪群整体情况和处理应急事件 及时调栏,发现病弱猪尽快调出,隔离饲养。

(5)有计划地对猪群进行保健 加强病猪的饲养管理,采取开特餐的方式。例如喂糊糊,隔离饲养等。

(6)清扫走道、窗台、墙壁、栏杆等的卫生 将水泥地面上的粪尿等清扫入水(尿)泡粪池中或漏缝下,必要时干粪清理。

(7)供应充足干净饮用水 检查饮水装置。做好通风换气工作,并保持猪舍的干燥。

(8)每周舍内带猪喷雾消毒 2 次 栏舍门口的消毒池或桶每周更换 2 次消毒药液。

(9)饲养管理 转群前最好对猪进行限饲,转群后对食槽进行清理,收集未吃完的饲料,严禁倒掉浪费。对栏舍进行全方位彻底冲洗和消毒(不能用电机泼烧碱)。

(10)做好断奶仔猪保温工作(图 9-2) 由保育猪睡姿状态与分布情况做出判断;侧卧伸展的睡姿和均匀分布在栏内表示温度适宜;若打堆、竖毛、全身发抖、说明温度偏低。保育仔猪适宜的温度为 22～25 ℃(温度控制器设定猪舍目标温度为 22～25 ℃),湿度为 60%～75%。保育舍环境控制如表 9-3 所示。

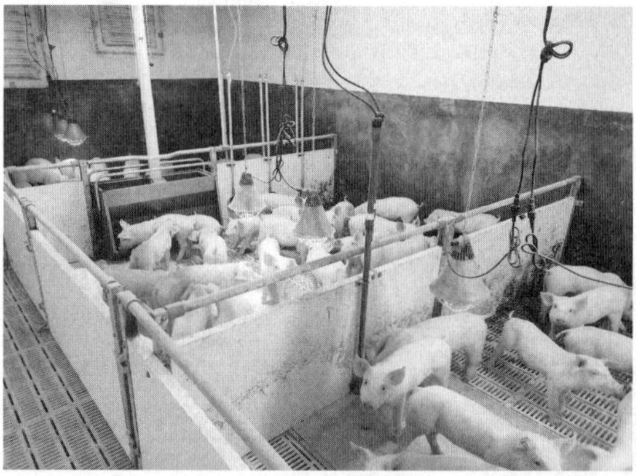

图 9-2 保育舍保温

表 9-3　保育舍环境控制

序号	环境指标	上下限值
1	温度	25～35 日龄，25～28 ℃；36～63 日龄，23～25 ℃。导入后 7 d 内，睡处温度在 11 月～翌年 4 月要保持 28.5 ℃，在 5～10 月要保持 28 ℃。7 d 后，逐渐降低猪舍温度，在 11 月～翌年 4 月最低要保持 23.5 ℃，在 5～10 月最低要保持 23 ℃
2	湿度	65%～75%
3	空气标准	NH_3<26 mg/m^3；H_2S<10 mg/m^3；CO_2<0.2%；细菌总数<5 万个/m^3；粉尘<1.5 mg/m^3
4	风速	冬季风速为 0.2 m/s；夏季风速为 0.6 m/s。当温度>28℃时，可适度加大，但不宜超过 2 m/s
5	通风方式	夏季采用猪舍密闭，纵向通风；春、秋季采用自然通风为主，辅之以机械通风；冬季采用猪舍密闭，通过中央进风管道进风，通过屋顶风扇排风
6	换气量	冬季最大换气量为 0.35 m^3/(kg·h)，春、秋季 0.45 m^3/(kg·h)，夏季 0.6 m^3/(kg·h)
7	备注	以上除温、湿度外的其他指标，由于各类猪场的测定条件不同，可根据人的感官感觉来决定，人觉得舒服，则猪也会感到愉快，再者，表中的数据也不是固定的，要根据猪群的实际状况来适当调整猪舍的环境参数

(11)按计划进行疫苗接种工作，并做好免疫记录。

4.做好相关记录

参见日报表填报项目解释表(附件一)、猪场免疫记录表(附件三)、猪场猪群治疗记录表(附件四)、猪场猪舍日常情况记录表(附件五)、猪场保育、育肥生产日常记录表(附件十一)和猪场保育、育肥生产统计日报表(附件十二)。

信息化拓展资源 5：保育舍生产标准

【思考题】

1.简述保育舍主要工作内容。

2.保育舍进猪前需做好哪些准备工作？

3.简述保育猪分阶段的饲养模式。

4.保育猪怎样进行饲料过渡？

5.保育舍的环境控制有哪些要求？

二维码 9　保育舍饲养管理操作规范思考题及答案

任务十　生长育肥舍饲养管理操作规范

【思维导图】

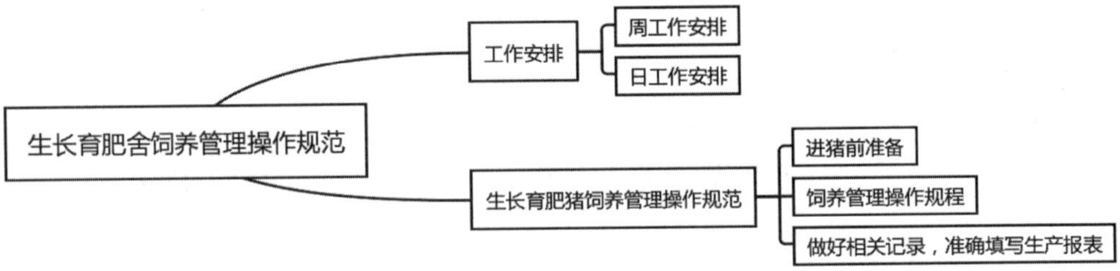

【工作目标】

1.确保育肥猪成活率达98%以上；

2.确保饲料转化率(7～115 kg猪)≤2.65∶1；

3.确保日增重(25～100 kg猪)≥800 g；

4.确保168～170日龄育肥猪出栏时体重达100～110 kg。

【职业素养】

1.实行精准营养，推动生态健康养殖；

2.践行湖南“三高四新”战略，推进饲料禁抗和锌铜等微量元素减量化；

3.具有爱岗敬业、精益求精、开拓创新和团结务实的劳动精神和工匠精神。

一、工作安排

1.周工作安排(根据具体情况做出安排)

生长育肥舍周工作安排如表10-1所示。

表10-1　生长育肥舍周工作安排

日期	工作内容
星期一	清洁、带猪喷雾消毒，更换消毒池、盆药液
星期二	疫苗注射
星期三	大小、病弱肥猪分群，转栏及冲洗、消毒空栏
星期四	清洁、带猪喷雾消毒，更换消毒池、盆药液
星期五	出栏、合栏及冲洗、消毒空栏
星期六	周围环境卫生清扫、整理和消毒
星期日	工作总结与计划

2.日工作安排

生长育肥舍日工作安排如表10-2所示。

表 10-2　生长育肥舍日工作安排

顺序	事项	具体内容	备注
		上　午	
1	上班巡栏	检查猪群整体情况和处理应急事件	对发热、不食、精神状态欠佳猪进行采样检测
2	检查水帘及通风设备	检查水帘及通风设备运行是否正常，并做相应调整	
3	调整“三度”	查看温度、湿度、空气清新度并做相应调整	以猪只不起堆和呼吸平稳为标准
4	投料准备	检查余料情况和处理受污染食槽	
5	投料	按照规则和要求投料	
6	控制饲料浪费	清扫撒落在食槽外的饲料，将可利用的饲料拾入食槽内	
7	检查猪群	检查猪群健康状况并查看有无需调动的猪只	病猪及时挑出
8	疫苗注射	按免疫程序进行疫苗注射并注意观察免疫后状况	
9	转栏、合栏	对猪群进行转栏、合栏	
10	清扫	清扫栏舍和过道卫生，同时仔细检查猪只健康，病猪栏最后扫，并对用具做有效消毒	上午 1 次
11	检查饮水	在清扫栏舍的同时，检查饮水器堵塞、漏水和水压是否合格等，并做处理	上午 1 次
12	清洗	冬季清洗个别脏的栏舍，夏天带猪冲栏防暑降温	适宜天气进行清洗
13	有效消毒	清空食槽、冲洗栏舍，干净后协助技术员带猪喷雾消毒	2 次/周
14	清理环境	对栏舍周围环境卫生进行清扫和整理后协助技术员消毒	
15	加料	根据食槽余料情况进行加料	
16	出栏	协助技术员做好出栏猪检查与记录工作	
17	调整“三度”	查看温度、湿度、空气清新度。并做好相应调整	
18	下班前巡栏	检查猪群整体状况，发现异常情况及时处理	
处理和完成上午 1～18 项所有工作后，才能下班（班清班结）			
		下　午	
19	重复 1～3 项工作	同上	同上
20	重复 7 项工作	同上	同上
21	重复 4～6 项工作	同上	同上
22	上午未安排或下午有安排的 8～9 项工作	同上	同上
23	上午未安排或下午有安排的 13～14 项工作	同上	同上
24	重复 15～18 项工作	同上	同上
25	换消毒药液	协助技术员更换消毒盆、桶、池的消毒药液	
26	总结	填写报表数据，总结和工作交流	填写准确，下班前半小时完成

二、生长育肥猪饲养管理操作规范

1.进猪前准备

(1)栏舍彻底清洗消毒后,空栏时间不少于 5 d。

(2)检查猪栏设备及饮水器是否正常,填写猪场猪舍设备检查表(附件二)。

(3)夏天做好防暑降温、通风工作;冬天做好栏舍升温保暖工作。

2.饲养管理操作规程

(1)饲料管理

①按投料规则投料　猪群入栏 55～75 kg 用中猪料,75 kg 至出栏用大猪料,饲料转换要求有 3～5 d 时间逐步过渡。

②加料　投料前检查每个料槽,清理所有潮湿、发霉变质的饲料,保持饲料新鲜可口。投放饲料量要恰当,投料时注意饲料品类、颜色和气味等,发现异常及时报告。

(2)饲养管理

①检查猪群　观察猪群要"四看一查"(吃料看食欲,睡觉看呼吸,排泄看粪便,平时看活力;有问题查体温,并做好记录)。每天上班必须巡视猪栏,查看温度是否适宜,观察猪只的行为是否正常,调节小气候保证猪只舒服。将所有猪只赶起来,若猪只不肯站立,就要查看它们的脚。不肯吃料,可能是患病前兆。对需要治疗的猪只及时治疗,加强护理,根据需要做好隔离措施。

②调节下料器刻度　根据猪群日龄和密度的变化来及时调节料槽下料器的大小,防止饲料浪费现象。

③猪群合栏　对合栏猪只喷以气味较浓的消毒液,以药物气味冲减猪只的气味。尽量在晚上并栏,以免猪群打架应激死亡。要根据猪的品种、性别、体重和吃食情况进行合理合栏,以保证猪的生长发育均匀。合栏时,一般掌握留弱不留强、夜合昼不合的原则。合栏后经过一段时间饲养,要随时进行调整合栏。

④调教猪群　对进入育肥舍的猪群要进行调教,要求"三点定位",即吃料、睡觉、排便固定地方。

⑤供给清洁饮水　水是调节体温、饲料营养的消化吸收和剩余物排泄过程不可缺少的物质,水质不良会带入许多病原体,因此既要保证水量充足,又要保证水质。实际生产中,切忌以稀料代替饮水,否则造成不必要的饲料浪费。

⑥去势、驱虫与防疫　猪去势后,性器官停止发育,性机能停止活动,猪表现安静,食欲增强,同化作用加强,脂肪沉积能力增加,日增重可提高 7%～10%,饲料利用率也提高,而且肉质细嫩、味美、无异味。在催长期前驱虫 1 次,驱虫后可提高增重和饲料利用率。按照一定的免疫程序定期进行疾病预防工作,注意疫情监测,及时发现病情。

⑦环境控制　观察猪只对环境的反应,根据需要通风换气。夏天做好防暑工作,冬季做好防寒保暖工作,为猪群提供一个舒适的环境。育肥舍环境控制如表 10-3 所示。

表 10-3　育肥舍环境控制

序号	环境指标	上下限值
1	温度	18～20 ℃
2	湿度	60%～75%
3	空气标准	NH_3<26 mg/m^3；H_2S<10 mg/m^3；CO_2<0.2%；细菌总数<5 万个/m^3；粉尘<1.5 mg/m^3
4	风速	冬季风速为 0.3 m/s；夏季风速为 1.0 m/s。当温度>28 ℃时，可适度加大，但不宜超过 4 m/s
5	通风方式	夏季采用猪舍密闭，纵向通风；春、秋季采用自然通风为主，辅之以机械通风；冬季采用猪舍密闭，通过中央进风管道进风，通过屋顶风扇排风
6	换气量	冬季最大换气量为 0.35 m^3/(kg·h)，春、秋季 0.45 m^3/(kg·h)。夏季 0.65 m^3/(kg·h)
7	备注	除温、湿度外的其他指标，由于各类猪场的测定条件不同，可根据人的感官感觉来决定，人觉得舒服，则猪也会感到愉快，再者，表中的数据也不是固定的，要根据猪群的实际状况来适当调整猪舍的环境参数

⑧检查各种设备　需要维修及时上报水电修理工。

⑨搞好卫生消毒工作　每天上下午各清理栏内粪便 1 次，保持栏舍和走道的清洁。做好每周的常规消毒工作，常规情况下 1 周消毒 2 次，特殊情况下消毒 1 次/d。消毒药要配套使用，以免产生耐药性。每周 2 次更换消毒盆的消毒液，清扫栏上及墙壁四周灰尘和房顶蜘蛛网等。

⑩对需要治疗的病猪及时治疗，死亡或病残的猪只运到指定地点无害化处理。发病个体要根据临床症状，对症下药，合理用药。治疗方案可参考表 10-4。

表 10-4　病猪治疗方案

分类	疾病名称	发病阶段	主要症状	预防方案	治疗方案
病毒类疾病	猪瘟	各阶段都发	体温 40.5～42℃，呈稽留热，耳后、腹部等毛稀皮薄处，出现大小不等的红点，指压不褪色	根据猪场免疫程序做好免疫注射	无好的治疗方案，主要以清热解毒预防继发感染为主，及时汇报给上级
	猪蓝耳病	春秋多发，盛夏较严重，各阶段都发	部分猪只双耳、体表、乳房皮肤发绀，死亡率高	根据猪场免疫程序做好免疫注射	无好的治疗方案，主要以清热解毒预防继发感染为主，及时汇报给上级
病毒类疾病	猪伪狂犬病	各阶段都发	剖解脑充血，间有呕吐和腹泻，有转圈尖叫、抽搐等神经症状	根据猪场免疫程序做好免疫注射	无好的治疗方案，主要以清热解毒预防继发感染为主，及时汇报给上级
	猪口蹄疫	以往冬季发病严重，现已无季节之分，中大猪易发病	以口腔黏膜、吻部、蹄、乳房发生水泡和溃烂为特征且传播速度快	根据猪场免疫程序做好免疫注射	(1)健康猪只紧急免疫接种商品苗。(2)对病猪及早隔离。(3)栏舍内外勤消毒。(4)及时汇报给上级

续表10-4

分类	疾病名称	发病阶段	主要症状	预防方案	治疗方案
病毒类疾病	猪口蹄疫	以往冬季发病严重，现已无季节之分，中大猪易发病	以口腔黏膜、吻部、蹄、乳房发生水泡和溃烂为特征且传播速度快	根据猪场免疫程序做好免疫注射	(1)健康猪只紧急免疫接种商品苗。(2)对病猪及早隔离。(3)对于病猪保持栏舍和创面干燥。(4)用常规抗生素消炎及预防继发感染。(5)栏舍内外勤消毒。(6)及时汇报给上级
	流行性腹泻及胃肠炎	以昼夜温差大、保温不良的猪群易发，各阶段都发	以采食量下降、呕吐、水样腹泻、急性脱水为主，小猪发病死亡率高	做好栏舍防寒保暖措施，保持栏舍干燥，降低昼夜温差，及时做好保健消毒工作	(1)给发病猪群补液，严重者腹腔或静脉补液。(2)增加发病猪群的营养且多用健胃消食类药物。(3)及时汇报给上级
细菌类疾病	猪链球菌病	小猪阶段多发，以栏舍湿度、密度大，不通风易发	关节肿大，脚痛，有个别突然死亡现象	阿莫西林/磺胺类药物保健	个别治疗：一边注射头孢＋地米＋安痛定/氨基比林，另一边注射复方磺胺类药物，连用 3 d；严重的群发可用磺胺类药物拌料治疗
	副猪嗜血杆菌病	以 35 kg 以前，且栏舍湿度、密度大，通风不良的猪只多发	关节肿大，猪群均匀度差，毛色差，死亡率高，可达 10%，解剖可看到明显的胸膜腹膜炎	替米考星/氟苯尼考＋恩诺沙星类药物或菌乐连用 10 d 以上	个别治疗：注射头孢＋清开灵，连用 5 d。如群发可先用菌乐，5～7 d 后用替米考星＋利诺，连用 7～10 d，且前 3 d 剂量加倍，用药期间在水中加入多维
细菌类疾病	传染性胸膜肺炎	以中、大猪易发，多发于春、秋季节	个别耳朵发紫，犬坐，张口呼吸，眼屎厚，剖解出现明显的胸膜炎	氟苯尼考/替米考星＋多西，滚动用药 2 周	个别治疗：一边氟苯尼考注射液/替米考星注射液，1 次/d，另一边注射头孢＋清开灵，连用 3～5 d。如群发可用氟苯尼考/替米考星＋多西滚动用药 2 周。配合退烧药物

续表10-4

分类	疾病名称	发病阶段	主要症状	预防方案	治疗方案
细菌类疾病	猪丹毒	中、大猪易发，多发于夏秋季节，以消毒不严，防暑降温不到位的猪群多发	个别全身发红发紫，似打火印块状红斑突出表面，粪便周围有黏液包裹，如继发其他疾病死亡率高	勤消毒，且1～2周变换消毒药，阿莫西林保健7 d	个别治疗：大剂量青霉素/阿莫西林＋清开林/安痛定＋地米，2次/d，连用3～5 d。如群发阿莫西林连用7～15 d，且前4～5 d剂量加大3～5倍，配合退烧药物效果更佳
	大肠杆菌病	刚进栏的断奶小猪至35 kg多发，以温差大，保温不良的猪群多发	拉先白色后黄色稀粪，严重可导致脱水死亡	黏杆菌素/安普霉素/沙星类药物/阿莫西林连用7 d	个别治疗：庆大霉素/沙星类药物/痢菌净2次/d，连用3 d，严重拉稀需补液。如群发可用沙星类药物/黏杆菌素/安普霉素，或健胃消食药物连用7 d，水中加口服补液盐
其他	支原体肺炎	各阶段猪群都发，以栏舍通风不良，密度大的猪群易发	猪群采食量正常，开始有零星咳嗽，猪群毛色差，精神状态不好	支原净＋多西环素滚动用药2～3周	个别治疗：林可霉素＋卡那霉素2次/d，连用3 d。如咳嗽越来越严重可用支原净＋多西连用7～21 d，且前3 d剂量加倍
	弓形体病	以25 kg以上的猪群多发，在春夏易发	持续高热41 ℃以上，耳、腹、四肢发绀与出血，出血呈斑点状，剖解多数器官有黄白色坏死斑点或出血点	(1)减少环境应激，生产区内禁止其他动物进入。(2)磺胺间甲氧嘧啶＋小苏打连用7 d，前2～3 d剂量加倍	个别治疗：磺胺间甲氧嘧啶注射液，2次/d，连用3～5 d，且首次注射剂量加倍。如群发可用磺胺间甲氧嘧啶＋小苏打连用7 d，首次剂量加倍
	血痢	中、大猪多发，以消毒不严，栏舍湿度大的猪群易发	拉带血样稀粪，个别粪便成黑色中潜有血，发白，消瘦死亡	做好日常消毒，保持栏舍干燥，预防昼夜温差大，壮观霉素＋多西环素保健，连用7 d	个别治疗：痢菌净/林可霉素配合止血类药物肌内注射，2次/d，连用3 d。如群发可用痢菌净粉(注意该药物的休药期)连用3～4 d，或壮观霉素＋多西连用7 d

续表10-4

分类	疾病名称	发病阶段	主要症状	预防方案	治疗方案
其他	换料拉稀	26～40 kg 猪群多发	饲料从 100-3 向 200 过渡后 3 d,开始拉黑色、黄色水样粪便且不群发,每个栏中都有几头	(1)换料期间在饲料中加入氧化锌/米糠/支原净＋多西/中大猪料等稀释饲料的营养成分。(2)换料期间稍微控制猪群投喂量。(3)延长换料时间,一般 7～15 d。(4)在水中加入口服补液盐。以上方法一种或多种一起使用效果更佳	个别治疗:庆大霉素/沙星类药物配合口服补液盐/腹腔补液 2 次/d,连用 3～5 d。如群发可用氧化锌连用5～7 d,支原净＋多西连用 10 d 以上,配合水中加入口服补液盐效果更佳

3.做好相关记录,准确填写生产报表

参见日报表填报项目解释表(附件一)、猪场免疫记录表(附件三)、猪场猪群治疗记录表(附件四)、猪场猪舍日常情况记录表(附件五)、猪场保育、育肥生产日常记录表(附件十一)和猪场保育、育肥生产统计日报表(附件十二)。

信息化拓展资源 6:育肥舍生产标准

【思考题】

1.育肥舍进猪前需做好哪些准备工作?

2.育肥猪猪群观察“四看一查”内容是什么?

3.育肥猪调教猪群“三点定位”的内容是什么?

4.育肥舍调整“三度”的内容是什么?

5.育肥舍的环境控制有哪些要求?

二维码 10　生长育肥舍饲养管理操作规范思考题及答案

项目四 猪场规范管理

任务十一　母猪场规范管理

【思维导图】

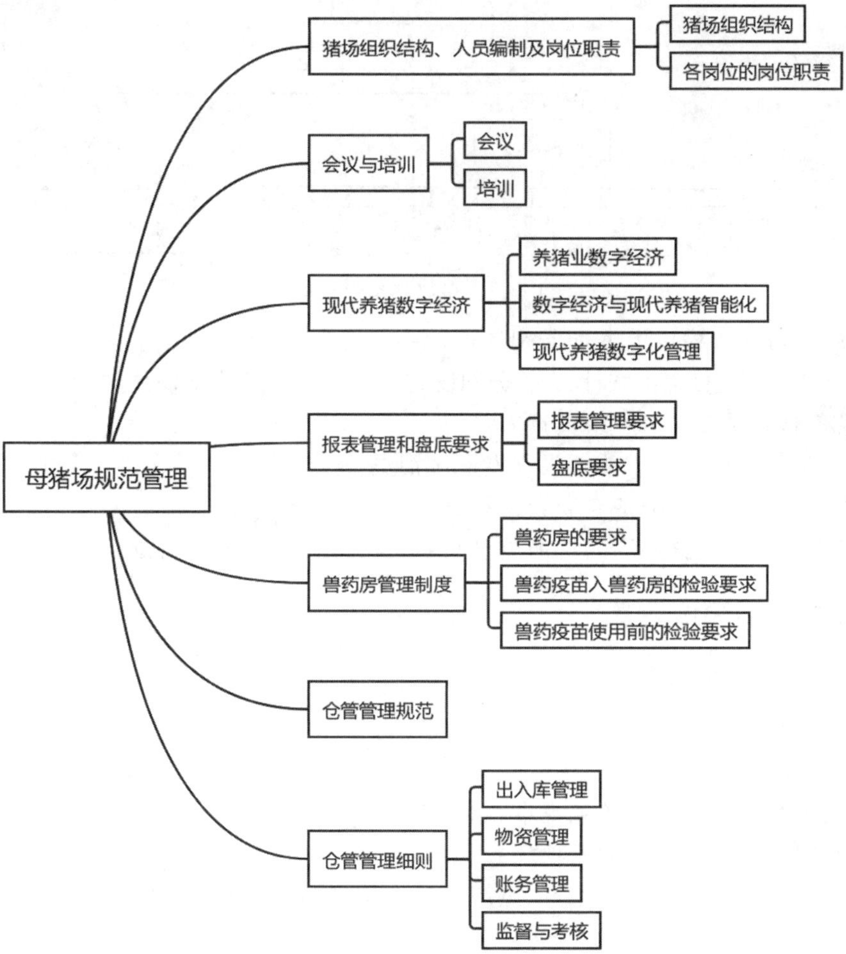

【工作目标】

1.根据母猪场组织结构，落实岗位职责，做好阶段总结和培训工作；

2.规范和细化各生产环节的管理，及时准确地提交报表，确保完成猪场制定的各项生产指标；

3.制定科学完整的各项管理制度，做到规范管理，提高养猪效益。

【职业素养】

1.实行母猪场规范管理,推动生猪健康养殖;

2.创新管理水平,推动养猪业高质量发展,践行湖南"三高四新"战略;

3.具有爱岗敬业、精益求精、开拓创新和团结务实的劳动精神和工匠精神。

一、猪场组织结构、人员编制及岗位职责

(一)猪场组织结构

母猪场组织结构见图11-1。

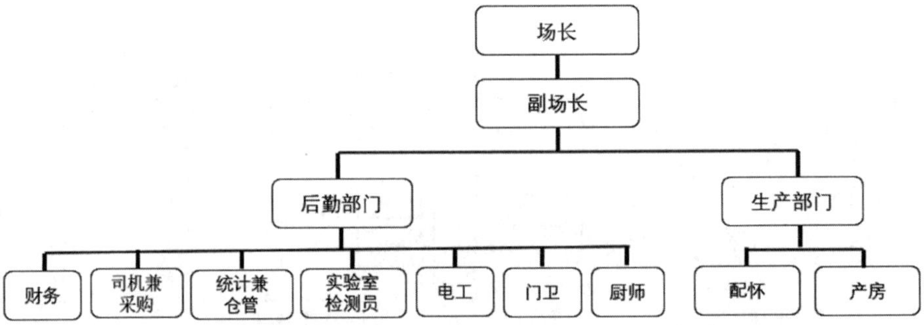

图11-1 母猪场组织结构

(1)2 400头母猪规模以上才配备副场长。

(2)2 400头母猪规模以上统计、仓管分别设立专人,还要设立专职防疫员、专职无害化处理员。

(3)分线布局的要设立生产线负责人。

(4)4 800头母猪规模以上的要设立专职洗消员。

(5)没有赶猪过道的要配备专职转运司机。

(6)本组织结构不包含外周的洗消员、中转司机、饲料车司机等岗位。

(二)各岗位的岗位职责

1.管理、服务类岗位职责

(1)场长职责

①负责猪场的全面工作。

②负责制定和完善猪场的各项规章和制度。

③负责落实完成公司下达的各项任务及年度经济指标。

④负责制订与上报猪场年度预算、生产经营计划、物资需求计划等,组织实施猪场改造工程项目。

Ⅰ.猪场年度预算　包括饲料费(公猪饲料分摊费、母猪饲料费)、人工费、兽药费(含保健药、治疗药、消毒药)、防疫费(含检测、生物制品)、水电费、燃料费、低值易耗品摊销费(低值工具、器具、物料)、交通运输费、维修费、猪舍折旧费、办公费等。

Ⅱ.生产经营计划　全年提供的生猪总产量以及按季度逐月的分布情况。例如:某猪场种

母猪 7 200 头，生产方案及生产经营计划可根据《畜禽养殖业污染物排放标准》，对猪的存栏数要求计算体重在 25 kg 以上猪的数量，参照畜牧业 1 头小猪大约 5 kg，可将 5 头小猪换算成 1 头成年猪，1 头母猪相当于 2 头成年猪，仔猪饲养约为 30 d，年出栏仔猪约 10 批次；种公猪每 2～3 年淘汰 1 次，种母猪每 3～4 年淘汰 1 次。猪场生产方案及经营计划如表 11-1 所示。

表 11-1　某猪场生产方案及经营计划

序号	类别	数量/头	饲养时间	折合成年猪/头	备注
1	种公猪	120	2～3 年	240	
2	种母猪	7 200	3～4 年	14 400	母猪怀孕期一般 114 d，空怀期 10 d，分娩率 90%；母猪窝产仔数 10～15 头，取 13 头计；哺乳仔猪成活率 92%；断奶仔猪成活率 95%；母猪年产胎次 2.16
3	仔猪	186 000/10	4 周	3 720	本项目年出栏量仔猪约 16.5 万头；每年仔猪出栏约 10 批次计，即仔猪出生率约 10 批次
合计		25 920	/	18 360	折合成年猪常年存栏量约 18 360 头

Ⅲ.物资需求计划　根据本场猪只饲养头数，确定计划期内猪场全年所需兽医药品以及其他物质的需要量等。

⑤主持召开猪场周会、月会及年度总结会。

⑥负责规划、指导与协调猪场生产、技术、销售工作。

⑦做好员工的思想工作和培训计划，负责各生产线主管以下员工的招聘。

⑧负责猪场的对标管理、生物安全，为安全生产负第一责任。

⑨负责场外关系协调。

⑩公司领导交办的其他工作。

(2)副场长职责

①协助场长做好猪场各项管理工作，场长休假期间主持全场工作。

②负责猪场生产计划、生产管理、生产调度等基础工作的监督和执行。

③负责对标管理工作的落实与执行。

④负责猪场生产区内部员工的日常管理工作。

⑤生产区主管休假期间的代班。

⑥主持召开早会。

⑦完成公司领导及场长交办的其他工作。

(3)财务人员职责

①负责猪场会计核算的日常工作。

②进行月末会计核算，编制财务会计报表。

③执行公司规定的财务制度。

④完成公司财务主管、领导交办的其他工作。

(4)司机兼采购职责

①负责完成猪场的物资采购任务。

②负责进入猪场的兽药疫苗等所有货物的接送任务。

③协助场长搞好猪场周边关系协调及外来人员的接待工作。

④协助检测员对外来物品的采样和完成样品的送检工作。

⑤负责隔离点的消毒和管理工作。

⑥负责销售中转站的管理工作。

⑦负责休假及返场员工的接送。

⑧完成场长交办的其他工作。

(5)实验室检测人员职责

①负责对送检样品进行检测。

②负责样品检测结果的整理和上报。

③负责进入猪场人员、物质及各种车辆的采样工作。

④负责实验室仪器设备等的维护和管理工作。

⑤完成公司中心实验室主任及场长交办的其他工作。

(6)水电维修工职责

①负责全场水电或其他设备等的维修。

②负责场内公共设施设备的维护。

③负责场内用电安全与设备使用安全。

④完成猪场领导临时交办的其他工作。

(7)门卫

①负责猪场大门管理。

②负责门卫区域的消毒,消毒池和消毒盆消毒水的更换、保障消毒设备运转正常。

③负责对进入猪场生活区的车辆进行消毒和烘干。

④负责对进入猪场生活区的人员的准入验证(批准证明、检测证明)、登记,衣服鞋袜的清洗与准备、洗澡消毒的监督等工作。

⑤负责对进入猪场生活区的物资进行消毒。

⑥负责门卫区域的卫生和物资整理等工作。

⑦完成场长交办的其他工作。

(8)仓库保管兼统计

①及时做好物质的出库与入库。

②收货时根据购货发票与送货单据,核对收货品种、数量、规格、质量、价格,核对无误后开出入库单。

③按猪场规定流程发放物品。

④根据生产需求及库存情况及时向公司采购部门填制申请采购计划,对长期未用且即将过期作废物品进行清理并提供书面报告给财务、采购部门,避免积压与损失。

⑤负责到现场收集与核对每天的生产数据、饲料消耗情况并做日报表,月底汇总做月报表。

⑥负责登记销售猪过磅的数量、重量,并开具销售单。

⑦负责猪场生产区绩效核算交场长审核。

⑧负责员工考勤统计。

⑨完成场长交办的其他工作。

(9)厨师

①做好食堂炊事工作,确保按时开餐。

②确保食堂卫生及食品安全。

③负责食堂物资申报及验收工作。

④负责猪场生活区卫生与消毒。

⑤完成场长交办的其他工作。

2.生产技术类岗位职责

(1)配怀阶段岗位职责

①配怀主管岗位职责

Ⅰ.负责公猪站、配怀舍的日常工作,并制订采精、配种的周计划和月计划。

Ⅱ.组织人员严格按《配怀舍饲养管理操作规范》和每周工作日程进行生产。

Ⅲ.负责种公猪调教,按照人工授精操作规程做好采精及实验室精液检查、稀释、分装和保存工作,并做好记录。

Ⅳ.负责配种妊娠舍公猪、种猪的免疫与治疗工作。

Ⅴ.按照猪场种猪淘汰、更新标准制定种公猪和种母猪淘汰更新计划,并上报给主管领导审批。

Ⅵ.负责母猪配种和母猪的周转计划,组织母猪群周转。填写周配种计划单。周配种计划单如表 11-2 所示。

表 11-2　周配种计划单

栏舍名称	类别	计划配种数	最高头数	最低头数
	断奶母猪			
	后备母猪			
	断奶后 7 d 未发情母猪			
	上周或前几周复配母猪			
	上周或前几周的空怀母猪			
	总　计			

说明:A.按断奶母猪计,最高头数=本周断奶母猪数×前四周适时发情的最高百分数;最低头数=本周断奶母猪数×前四周适时发情最低百分数

B.按后备母猪计,最高头数=后备母猪总数/3,最低头数=已转入配种舍,并掌握了上一个情期发情时间的后备母猪数

C.按断奶后 7 d 未发情母猪计,最高头数和最低头数=断奶后 7 d 未发情母猪的总数/3

D.按上周或前几周的复配母猪计,最高头数和最低头数=前四周出现的复配猪的平均数

E.按上周或前几周的空怀母猪计,最高头数=除在本周确实不能发情的其余所有空怀母猪数,最低头数= 据记录有望在本周发情的空怀母猪数

Ⅶ.做好配种、预防和消毒各项记录,及时向主管领导汇报工作情况等。

Ⅷ.负责配怀阶段所属猪舍的环控系统和其他设施设备的监督检查。

Ⅸ.负责本阶段人员的代班工作。

Ⅹ.完成猪场领导交办的其他工作。

②配怀阶段饲养员岗位职责

Ⅰ.做好后备公母猪、断奶母猪、空怀母猪和怀孕母猪的饲养管理工作。

Ⅱ.负责检查温度、湿度和空气清新度,并做好相应调整。

Ⅲ.负责栏舍内外卫生和消毒工作。

Ⅳ.负责各种设备设施的管理、使用和维护。

Ⅴ.负责猪的数量及物资用料等原始数据的记录。

Ⅵ.协助配怀主管做好种猪饲养、转栏、调整工作。

Ⅶ.协助配怀主管做好后备公母猪、空怀母猪、怀孕母猪、断奶母猪预防注射工作。

(2)分娩阶段岗位职责

①分娩主管岗位职责

Ⅰ.负责分娩舍的日常管理,制订月计划和周计划。

Ⅱ.组织人员严格按《分娩舍饲养管理操作规范》和每周工作日程进行生产。

Ⅲ.负责分娩舍的母猪、仔猪转群、调整工作。

Ⅳ.负责分娩舍消毒和哺乳母猪、仔猪预防治疗工作。

Ⅴ.负责分娩母猪和断奶仔猪的周转计划和周转。

Ⅵ.做好饲料、药品、工具的使用计划与领取,协助做好年、季、月度盘存工作。

Ⅶ.据母猪淘汰标准,提出母猪淘汰建议,并上报主管领导。

Ⅷ.做好产仔舍各项记录的上报,及时向主管领导汇报工作情况。

Ⅸ.负责本阶段人员的代班工作。

Ⅹ.负责产仔舍所属猪舍环控系统的调控及其他设施设备的监督检查。

②分娩舍饲养员岗位职责

Ⅰ.做好仔猪接产,哺乳母猪、哺乳仔猪的饲养管理工作。

Ⅱ.负责检查温度、湿度和空气清新度,并做好相应调整。

Ⅲ.做好栏舍内外卫生,空栏后一天内完成清洗工作。

Ⅳ.负责各种设备设施的管理、使用、维护。

Ⅴ.负责猪的数量、用料及猪群变动等原始数据的记录。

Ⅵ.协助技术员做好临产母猪转入、断奶母猪及仔猪转出工作。

Ⅶ.协助技术员做好哺乳母猪、仔猪的预防注射工作。

3.防疫员岗位职责

(1)负责生活区到生产区的物质转运。

(2)负责生产区道路的消毒。

(3)负责外来进场人员的样品采集和消毒。

(4)负责猪场的送饭工作。

(5)负责场长交办的其他工作。

二、会议与培训

1.会议

为了定期总结生产上存在的问题,及时研究解决方案,有计划地布置下一阶段的工作,使猪场生产有条不紊地进行，进一步提高饲养人员、管理人员的技术素质，提高全场的生产管理水平，特制定例会和技术培训制度。

（1）月例会　全体员工参加的生产会议每月1次，该会由场长主持，每月初召开，传达公司管理精神、总结猪场上月（本季度）经营管理状况、存在问题以及下月（下季度）工作安排。会议要求有签到表和会议记录，相关负责人要检查督促月度工作的执行情况。

（2）周例会　每周日晚上召开，猪场管理人员、后勤管理人员和实验室负责人参加，该会由场长或副场长主持，总结上周工作，制订本周工作计划。会议要求有记录，相关负责人要检查督促周工作的执行情况。

（3）早会　由副场长或生产线主管主持每日早会，总结上1天的工作，安排当天工作。

2.培训

（1）主管培训　每月1次，以内部技术培训为主，由场长或副场长主持。

（2）饲养员培训　每季度1次，以内部技能培训为主，由主管、场长或副场长主持。

（3）新员工培训　新员工上岗前必须进行培训。培训内容包括企业文化、愿景、战略规划、企业历史沿革、理论知识培训和操作技能培训，操作技能培训采用以老带新的方式进行。

三、现代养猪数字经济

现代养猪业数字经济包括养猪业数据流产生、养猪业数据流规划与设计、养猪业数据流开发和养猪业数据流使用。

1.养猪业数字经济

（1）养猪业数字经济就是合理规划数据，有效使用数据，发挥数据在养猪生产中的作用。特别是要合理利用资源，对生产各环节进行资源有效匹配。

（2）猪场内部生产体系可合理安排母猪配种时间，减少母猪非生产时间（21 d断奶和28 d断奶，非生产时间增加7 d）。如果根据背膘厚度，实施精准背膘管理与配种，对于母猪多产仔极有好处。

（3）猪场外部生产体系可实施精准通风、除湿、除臭、降温和光照，猪只生产更加最大限度发挥作用。我们通过精准给予外部条件，每头母猪PSY、MSY都发挥到极致，这些外部条件给予可以实施智能化、自动化。

2.数字经济与现代养猪智能化

现代养猪业智能化就是把养猪生产工艺、管理技术，通过物联网来实现少为人工参与，多是通过优先无线传输，把养猪生产各环节紧密联系起来。

（1）通过智能化设备，如机器人实现替代人手操作。

（2）在种猪选择上，通过扫描估重、精准称重智能设备，精确考察种猪生长与培育。

（3）在选种选配方面也可以采用智能理论，把育种算法植入系统，可以实现大群下选择个体。养猪生产中通过种猪管理实现智能优选后备种猪、精准查情，达到100%配种，最大限度发挥母猪的遗传特性，多生、优生。

（4）通过智能化同期发情与精准判断排卵，实现母猪批次来、批次走（母猪批次化管理智能化）。

（5）在仔猪生产、生长各环节，通过智能化设备对猪群成长情况进行管理，区分大小（分拣系统)、实现营养差异化与各自精准投料(智能化精准投料与限饲,后备母猪需要限制供给)。

(6)在猪群管理方面,通过智能化巡检系统,可以发现非正常现象,及时处理。

3.现代养猪数字化管理

数字化管理的核心是智能化管理,把人的思想和算法植入智能化设备,让设备实现对猪的管理,做到人想要什么,就能实现什么,通过数字化管理获得经济利益最大化。

(1)精准查情系统　过去都是人工查情,费事费力、系统误差极大,后来用公猪查情,但疫情原因也难以实现。现在可以通过算法,把母猪发情指标定义在一个范围,获得100%查情,100%精准查情可以实现100%配准,这样由原来配准分娩率85%提高到100%,这15%的贡献就是数字管理带来的效益。

(2)精准投料　对后备母猪需要限制饲喂,对生猪、肥育猪需要区分对待,开发一款设备就可以实现区分精准投料,这样从粗放养猪走向精准养猪。分拣系统也是这样,控制猪的体重,使上市猪体重近乎一致,养猪走向标准化、工业化和智能化。

(3)猪只生长环境控制一致,风量、风速、温度、湿度、光照、有害气体等,按照不同阶段生长猪进行精准算法,通过物联网技术给予良好供给。

(4)手机时代养猪业数字化管理　过去数字化管理是靠纸记录下来,现在养猪生产实现数字化管理可以在手机上实现。生产记录的收集,可以手机扫描;种猪测定记录可以用手机通过 WIFI 与电子秤连接;外部环境控制可以用手机控制;全部生产系统都是全部在手机里。现代老板都是时尚达人,很多年轻猪场老板都是可以展开屏幕,宽银幕看报表。猪只异常现象通过轨道扫描,无线 WIFI 连接到手机上,马上通过视频找到发病猪栏位即可大致锁定位置。

四、报表管理和盘底要求

1.报表管理要求

(1)数据统计及报表管理的内容包括原始记录、数据记录、收集整理、分析传递、安全储存、归档管理。生产原始记录保存3年,报表等记录永久保存。

(2)生产线员工根据每日生产情况填写所负责栋舍发生的记录和数据,由配怀负责人完成配怀阶段的配种记录表、B超检测和种猪异动等信息填报,分娩主管完成分娩母猪异动、仔猪异动等数据填报,由统计员登记分娩产仔数。

(3)各阶段数据统计后,由统计员汇总,填报至生产管理系统中。

(4)报表真实　生产线人员应及时做好各种生产记录,如返情、流产、产仔情况等,如实填写日报表,报送统计员,经查对、核实后报送主管领导。

(5)报表准确　数据准确、格式规范、文字清晰。统计员应及时完成每天生产数据的电脑录入工作,错误之处应及时通知生产人员纠正。日报表汇总数据要求与生产实际数据、与系统相应日报、月报、季报、年度报数据一致。

(6)报表及时　所有生产报表要求做到统计及时,并且及时提交给生产管理部相关人员或财务部门相关人员。

①生产日报　要求每天晚上20:00前提交。有特殊情况,向生产管理部负责人说明。日报填报各项目解释,见附件一。

②生产月报　上月26日到本月25日的生产数据统计汇总。月底统计好生产月报表，25日盘底后，最迟盘底后第2个自然日提交。每年12月份月报表截止日期为12月31日。

③生产季度报　与季度末月当月生产月报同时提交。

④生产半年报　半年度报与半年末月当月月报、季度报一起提交。

⑤生产年报　统计每年1月1日至12月31日生产情况，与12月月报、四季度季报、下半年度报一起提交。

2.盘底要求

(1)猪场按要求使用规定盘底表　母猪场各阶段盘底表参见附件十三猪场生猪盘点工作表(公猪站)、附件十四猪场生猪盘点工作表(配怀舍)、附件十五猪场生猪盘点工作表(分娩舍)和附件十六猪场生猪盘点工作表(后备、保育、育肥舍)。猪场按照猪群类别选择合适的盘底表格，进行盘底。也要完成饲料、药品、物资等盘底。

(2)盘底表信息需填写完整　盘底表上的详细信息都要填写，如配怀舍盘底表需填写种猪耳号、胎次、当前状态和状态发生时间，分娩舍盘底表需要填写种猪耳号、胎次、当前状态、状态发生时间和所哺乳仔猪数量、头均重、批次号等。盘底表上盘底日期、盘底页数和盘底人等信息要完整填写，方便今后盘底数据与生产系统数据的核查和跟踪。

(3)规范完成预盘底　在盘底前1天(平时每月24日，12月份为30日)，猪场将盘底情况填写在盘底表上，完成预盘底。盘底当天(平时为每月25日，12月份为31日)，财务人员根据预盘底表核实盘底情况。在完成预盘底后，尽量减少猪群异动，如果猪群发生变动，需及时调整盘底表。如果盘底数据核对有误，需重新盘底。

(4)及时上交盘底表　完成盘底工作，核算猪群头数，生产和财务完成签字，当日将盘底表交给财务。除非当日有销售等情况，盘底表可以推迟1天交给财务。

(5)盘底数据与生产日报数据一致性　盘底时，种猪、仔猪存栏头数和状况必须与当月25日日报一致。

五、兽药房管理制度

为了确保猪场在预防、治疗时所用药物和疫苗的质量与安全性，制定本管理制度。

1.兽药房的要求

(1)保持药房干净、卫生、整洁、干燥、通风良好，室内无鼠患。

(2)药物分类摆放整齐、规范，记录详细，符合仓储保管制度。

(3)注意监控室内外温、湿度，密切关注冰箱(柜)内温度，防止温度变化影响药物疫苗使用效果。

(4)兽药房办公室不得堆放与兽药办公无关的设施、废弃杂物。

(5)兽药保管员应注意保持个人卫生，不得将个人物品及食品等带入药房。

(6)兽药房周围应保持干净卫生、整洁、无积水、无杂物。

(7)药房内不能放置过期药品。有效期将过或已过的药物要进行特别标识，请求处理。不得将药物随处堆放在窗台及栏杆上。

(8)随时做好入库、出库、存货登记，及时报告药品采购计划。

(9)与兽药房无关的人员严禁进入兽药仓库。

2.兽药疫苗入兽药房的检验要求

(1)兽药房应根据猪场生产需求编制采购计划。

(2)保管员在开具药物入库单前要核对检查所采购的药物疫苗是否与采购计划的药物品名、数量、厂家等相符。

(3)入库的药物疫苗应包装完好,有标签,并附有使用说明书。标签或说明书上必须注明商标、药物名称、生产许可证、批准文号、生产标准、生产批号、保质期、包装规格、厂址及联系电话,并有药物的主要成分、含量、作用、用途、用法、用量、注意事项等说明。

(4)按照兽药疫苗的保存条件要求做好兽药疫苗的贮存工作。

(5)药房严禁接受国家禁止使用的药物:如盐酸克伦特罗、沙丁胺醇、氯霉素、阿伏霉素、己二烯雌酚、己烯雌酚、己烷雌酚等。

3.兽药疫苗使用前的检验要求

(1)兽药房发放药物前要对药物的包装、有效期进行检查,不得将破损和有效期已过的药物流入生产中使用。

(2)药物感观检查时,针剂应无絮状沉淀,粉剂应无结块。针剂如有特别说明允许有少量沉淀除外。

(3)冻干疫苗稀释时应对其真空度进行检验,真空度不好的疫苗不对外发放和使用。

(4)在进行以上的检验过程中,如发现有不符合要求的兽药疫苗要进行认真记录,将检验情况向主管领导汇报。

六、仓库管理规范

(1)按"先进先出、后进后出"的原则发放物品,避免库存物品过期失效。

(2)所有物品入库按验收→登记→入库程序进行,检验物品的品牌、品种、数量、价格是否符合采购申请,检查药品疫苗的有效期、颜色是否正常,包装是否破损。按说明书进行疫苗保管,放置温度计,并每天检查。

(3)对任何需进入生产区的物品"先消毒、后入库使用"(疫苗除外)。

(4)出库的所有物品必须填写领料单,详细登记后才能发放。在保质期内无法用完的,及时上报处理。

(5)对领用再返回仓库的物品如工具、工作服等,必须在返回时检查有无损坏,并记录在案。每次离场人员的工作服装、鞋子、手电筒等公司配发物品要及时回收。这些物品在填写出库单时做一次性出库处理。

(6)对需要控制的材料的领用,必须由主管领导审批后到仓库领取。

(7)根据生产需要和库存向主管领导上报采购计划。采购计划内容包括:饲料、疫苗、药品、工具、劳保用品、日用品、燃料等。

(8)制定采购计划前必须与各部门主管充分沟通,以免遗漏。避免因缺、断货而紧急采购的发生。

(9)保证库房整洁、卫生,各种物品码放有序。

(10)定期灭鼠。

(11)库房钥匙妥善保管,平时关好门窗,锁好大门,做好防盗工作。

（12）保管工作交接必须详细具体，账目明确。

七、仓库管理细则

为了规范管理，明确责任，保障公司财产安全，特制定本细则。

1.出入库管理

（1）仓库保管员对每一笔物资的进出都要据实及时办理相应的[入库单]、[出库单]。

（2）收料时根据请购单（或购销合同）和购货发票或送货单及时、认真地核对所收货物的品名、数量、规格、质量、价格等。核对无误后，按品名、规格分别存放，并填制[入库单]，不得多验少报，少验漏报或多报。

（3）领用物资按需要和计划进行，须填制[出库单]，由领用人和领用部门负责人签字认可。劳保用品的领用须严格按照公司制定的标准执行。

（4）非正常生产领用材料的，领料人需在领料单上说明物资用途；贵重物资或单价较高的物资领用时须由使用部门负责人亲手经办，并在领料单上注明物资用途。

（5）仓库保管员应根据生产需求及库存情况及时向公司采购部门填制[物资采购申请单]申报采购计划，对长期未用或即将过期作废物资进行清理并提供书面报告给财务和相关部门，以避免存货积压或短缺而造成损失。

（6）如遇节假日仓库保管员休息所发生收发货业务一律由指定人员先行办理，待仓库保管员上班时及时交接。

2.物资管理

（1）仓库原料须挂牌明示入库时间、总重量、标包重量。

（2）物资领用按照“先进先出”的原则，科学合理地安排和及时调整库位，防止因物资积压、过期、变质造成的损失。

（3）库房要经常查验。注意防虫、防鼠、防火、防盗、防漏、防止霉变，发现问题及时寻求解决并向主管部门报告。

（4）所有入库材料的装卸、汽运须服从仓库保管员的调配，费用结算由仓库保管员填制[费用结算单]，并对所提供的劳务做出满意度评价，行政供应部审核并凭此单与提供劳务方结算。

3.账务管理

（1）物资的收发均应进行台账管理，根据[入库单]、[领料单]及时登记物资明细账。

（2）每月 25 日为断账日，断账后应对库存存货实地盘底进行账实核对，将领料凭证按领用部门进行分类汇总，并编制进销存月报表，27 日前交财务部，并及时与财务核对，做到账实相符、账账相符。

（3）物资报废按以下流程处理：对过期、变质物资进行登记→书面报告→生产技术部鉴定→财务部计价→总经理批示→董事长批示→按批示执行。

4.仓管员及其他

（1）严格遵守公司各项规章制度，做好本职工作。

（2）原材料装卸费、运费结算

①内部人员费用结算：日常登记→月末填制结算单→行政供应部审核；

②外部人员费用结算：按次结算→填制结算单→行政供应部审核→财务部审核→总经理审批。

(3)完成领导交给的其他任务。

5.监督与考核

(1)直接归属财务部管理。

(2)财务部及其他相关部门应对仓库进行定期和不定期的实地盘存和现场检查、监督。

(3)根据检查结果做出绩效评价并适时进行奖惩，纳入年度绩效、评先的考核范畴。

【思考题】

1.某猪场存栏种公猪 120 头，种母猪存栏 7 200 头，请为该猪场制定一个生产方案。

2.什么是现代养猪业数字经济？

3.简述现代养猪数字化管理的内涵。

4.某猪场存栏种公猪 2 头，种母猪存栏 200 头，请为该猪场制定一个年度预算。

5.请任选一个主题策划和主持一次母猪场周例会。

二维码 11　母猪场规范管理思考题及答案

任务十二　育肥场规范管理

【思维导图】

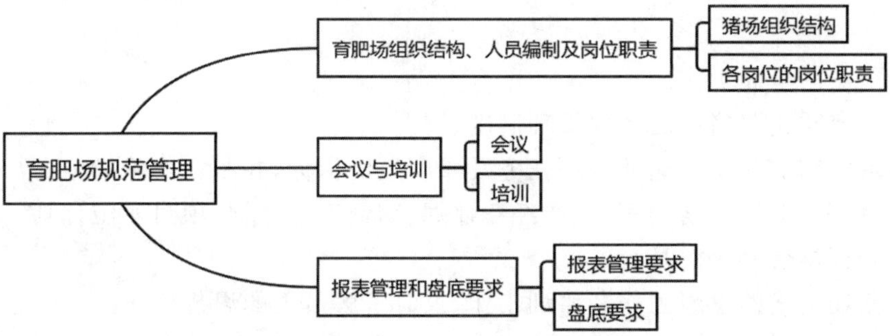

【工作目标】

1.根据育肥猪场组织结构，落实岗位职责，做好阶段总结和培训工作；

2.规范和细化各生产环节的管理，及时准确地提交报表，确保完成猪场制定的各项生产指标；

3.制定科学完整的各项管理制度，做到规范管理，提高养猪效益。

【职业素养】

1.实行育肥猪场规范管理，推动生猪健康养殖；

2.创新管理水平，推动养猪业高质量发展，践行湖南“三高四新”战略；

3.具有爱岗敬业、精益求精、开拓创新和团结务实的劳动精神和工匠精神。

一、育肥场组织结构、人员编制及岗位职责

(一)猪场组织结构

育肥场组织结构见表12-1。

表12-1　育肥场组织结构

序号	岗位	定编	备注
1	场长	1	兼统计、仓管、防疫
2	饲养员	依规模定编	1 500～2 000头/人
3	杂工	1	厨师兼门卫、后勤工作
4	场外协助工作人员	5	司机兼采购，洗消、烘干，实验室检测人员，委派财务，电工

(1)场外协助人员的配备 15 000 头以上存栏规模为专职人员,15 000 头以下以 25 km 为半径的育肥小区配备兼职员工。

(2)20 000 头以上存栏规模,可配备副场长或场长助理 1 人。

(二)各岗位的岗位职责

1.场长

(1)负责猪场的全面工作。

(2)负责制定和完善猪场的各项管理制度。

(3)负责落实完成公司下达的各项任务及年度经济指标,并制定实施措施。

(4)负责制订与上报年度预算、生产经营计划、物资需求计划、项目实施计划。

(5)主持召开早会、周会、月会。

(6)做好猪场员工的思想工作和培训工作,及时了解员工的思想动态。

(7)及时向上级反映员工的意见和建议。

2.饲养员岗位职责

(1)严格按《育肥猪饲养管理操作规范》进行生产,做好投料、卫生、免疫、治疗、消毒、猪群异动和销售等工作。

(2)负责检查栏舍内温度、湿度和空气清新度,并做好相应调整。

(3)做好饲料、药品、工具的使用计划与领取,协助做好年、季、月度盘存工作。

(4)负责各种设备设施的管理、使用、维护。

(5)做好生产日报填报、用药、免疫、消毒、治疗等原始记录。

(6)负责育肥舍猪群周转或销售后栏舍清洗等工作。

(7)完成场长交给的其他任务。

3.财务人员

(1)负责猪场会计核算的日常工作。

(2)进行月末会计核算,编制财务会计报表。

(3)执行公司规定的财务制度。

(4)完成公司财务主管领导交办的其他工作。

4.实验室检测人员

(1)负责对送检样品进行检测。

(2)负责样品检测结果的整理和上报。

(3)负责进入猪场人员、物资及各种车辆的采样工作。

(4)负责实验室仪器设备等的维护和管理工作。

(5)完成中心实验室主任及场长交办的其他工作。

5.水电维修工

(1)负责全场水电或其他设备等的维修。

(2)负责场内公共设施设备的维护。

(3)负责场内用电安全与设备使用安全。

(4)完成领导临时交办的其他工作。

6.司机兼采购

(1)负责完成猪场的物资采购任务。

(2)负责进入猪场的兽药疫苗等所有货物的接送任务。

(3)协助场长搞好猪场周边关系协调及外来人员的接待工作。

(4)协助检测员对外来物品的采样和样品的送检工作。

(5)负责隔离点的消毒和管理工作。

(6)负责销售中转站的管理工作。

(7)负责休假及返场员工的接送。

(8)完成场长交办的其他工作。

7.杂工

(1)做好食堂炊事工作,确保按时开餐。

(2)负责食堂卫生及食品安全,食堂物资申报及验收工作。

(3)负责进场物资的消毒,门卫及生活区环境整理消毒工作。

(4)完成领导交办的其他工作。

8.仓管、统计(场长兼)

(1)及时做好物质的出库与入库。

(2)收货时根据购货发票与送货单据,核对收货品种、数量、规格、质量、价格,核对无误后开出入库单。

(3)按公司规定流程发放物品。

(4)根据生产需求及库存情况及时向公司采购部门填制申请采购计划,对长期未用即将过期作废物品进行清理并提供书面报告给财务、采购部门,避免积压与损失。

(5)负责到现场收集与核对每天的生产数据、饲料消耗情况并做日报表,月底汇总做月报表。

(6)负责登记销售猪过磅的数量、重量,并开具销售单。

(7)负责生产区绩效核算。

(8)负责员工考勤统计。

二、会议与培训

1.会议

为了定期总结生产上存在的问题,及时研究解决方案;有计划地布置下一阶段工作,使生产有条不紊地进行;进一步提高饲养人员、管理人员的技术素质,提高全场的生产管理水平,特制定例会和技术培训制度。

(1)月例会　全体员工参加的生产会议,每月 1 次,该会由猪场场长主持,每月底召开,传达公司管理精神、总结本月(本季度)经营管理状况、存在问题以及下月(下季度)工作安排。会议要求有签到表和会议记录,相关负责人要检查督促月度工作的执行情况。

(2)周例会　每周日晚上召开,猪场场长、后勤管理人员和实验室负责人参加,该会由场长主持,总结上周工作,制订本周工作计划。会议要求有记录,负责人要检查督促上周工作的执行情况。

(3)早会　每日早上上班时，场长和生产人员的早例会，总结上一天的工作，安排当天工作。对于会上提出的一般性技术性问题，要当场研究解决，较为复杂的技术问题，要在会后及时上报、讨论研究，并尽快予以解决或答复。

2.培训

(1)饲养员培训　以月度为单位，每月1次，以内部技能培训为主，由场长或主管主持。

培训内容通过会议记录进行记录。

(2)新员工培训　新员工上岗前必须进行培训。培训内容包括公司文化、愿景、战略规划、公司历史沿革、理论知识培训和操作技能培训，操作技能培训采用以老带新的方式进行。

三、报表管理和盘底要求

1.报表管理要求

(1)数据统计及报表管理的内容包括原始记录、数据记录、收集整理录入、分析传递、安全储存、归档管理。生产原始记录保存3年，报表等记录永久保存。

生产线员工根据每日生产情况填写所负责栋舍发生的猪群异动信息和数据，各栋舍数据统计后，由统计员或场长汇总，填报至生产管理系统中。

(2)真实　生产线人员应及时做好各种生产记录，如转入、死亡、转群、销售等，如实填写日报表，报送负责人。

(3)准确　数据准确、格式规范、文字清晰。统计员或场长应及时将每天生产数据录入生产系统，错误之处应及时通知生产人员纠正。

日报表汇总数据要求与生产实际数据、与系统相应日报、月报、季报、年度报数据一致。

(4)及时　所有生产报表要求按时统计，并且及时提交给生产管理部相关人员或财务部门相关人员。报表提交时间要求如下：

①生产统计日报表　要求每天晚上20:00前提交，根据生产统计日报表的数据录入EAS系统中。生产统计日报填报模板，参见附件十六猪场生猪盘点工作表(后备、保育、育肥舍)。

②生猪非洲猪瘟核酸检测表　按照表12-2模板，每天晚上20:00前发到育肥生产管理工作群。有死亡情况时，必须附死亡猪检测报告。要求所有死亡猪采血拭子检测非洲猪瘟核酸。

表12-2　生猪非洲猪瘟核酸检测表

序号	猪场名称	周次	日期	新进仔猪数	销售数	死亡数	存栏数	死亡猪来源及死亡原因描述
1	* * *							
2	* * *							
3	* * *							
4	* * *							
5	* * *							
6	* * *							
7	* * *							
8	……							

③生产月报　上月 26 日到本月 25 日的生产数据统计汇总，每年 12 月份月报表截止日期为 12 月 31 日。即生产月报表 1 月份是 1 月 1 日，平时月份是 26 日提交。

④生产季度报　第 1 统计月至第 3 统计月为第 1 季度，以此类推。与当月生产月报同时提交。

⑤生产半年报　第 1、2 季度为上半年度，第 3、4 季度为下半年，半年度报与当月月报、季度报一起提交。

⑥生产年报　统计每年 1 月 1 日至 12 月 31 日生产情况，与当月月报、季报、半年度报一起提交。

2.盘底要求

(1)各养殖场按要求使用规定盘底表　育肥场猪群盘底表见附件十六。育肥场按照猪群类别选择合适的盘底表格，进行盘底。也要完成饲料、药品、物资等盘底。

(2)盘底表信息需填写完整　盘底表上的详细信息都要填写，保育、育肥盘底表需填写批次号、饲养头数和重量等。盘底表上盘底日期、盘底页数和盘底人等信息要完整填写，方便今后盘底数据与生产系统数据的核查和跟踪。

(3)规范完成预盘底　在盘底前 1 d(平时每月 24 日，12 月份为 30 日)，各养殖场将盘底情况填写在盘底表上，完成预盘底。盘底当天(平时为每月 25 日，12 月份为 31 日)，财务人员根据预盘底表核实盘底情况。在完成预盘底后，生产部门尽量减少猪群异动，如果猪群有变动，需及时调整盘底表。如果盘底数据核对有误，需重新盘底。预盘底能有效提高盘底效率，请各养殖场一定要重视预盘底工作。

(4)及时上交盘底表　完成盘底工作，核算猪群头数，生产和财务完成签字，当日将盘底表交给财务。除非当日有销售等情况，盘底表可以推迟 1 d 交给财务。

(5)盘底数据与生产日报数据一致性　盘底时，猪群存栏头数和状况必须与 25 日日报一致，猪群存栏头数必须与日报存栏头数一致，所有弱仔、转群抛猪，均视为活仔，计入存栏头数。

【思考题】

1.请填写一份完整的育肥场生产统计日报表。

2.请填写一份完整的育肥场猪群盘底表。

二维码 12　育肥场规范管理思考题及答案

附件：

附件一　日报表填报项目解释表

填写类别	填写项目	项目说明	填写说明
配种	断奶配	配种母猪为断奶 7 d 内母猪头数	
	后备配	配种母猪是后备母猪	后备配的猪要求有后备母猪转基础母猪的转群记录
	返情配	配种母猪是返情母猪	要有返情记录
	流产配	配种母猪为流产母猪	
	空怀配	配种母猪为空怀母猪	
	B超空怀	母猪配种后经 B 超检查，结果判断未受孕	用于核对各场受胎率，每半个月检查 1 次
	返情	已配种母猪在发情周期时再次发情的母猪数	所有返情配的母猪必须有返情记录
	流产	配种后 18～105 d 发现的母猪流产，超过 105 d 的流产为早产	
	精液配置份数	采集本场公猪精液稀释后的份数	
	精液购入份数	从场外购入精液的份数	
产仔情况	胎数	分娩母猪的头数	包括全部产死胎或木乃伊的母猪头数
	健仔数	出生时发育正常且出生重>0.8 kg 的仔猪数	记为活仔，计入成活率
	弱仔数	出生时先天发育不足、体质衰弱、不会吃奶、体重<0.8 kg 仔猪数	记为活仔数，不计入成活率
	畸形	出生时先天发育异常的仔猪，如八字腿、无肛门等	记为活仔数，不计入成活率
	木乃伊	母猪在妊娠中、后期，胚胎由于某种原因死亡，而不能被子宫吸收，所形成的干尸	计入总仔数
	死胎	妊娠期间的死亡胚胎	计入总仔数
	总仔数	母猪分娩所产活仔、弱仔、畸形、木乃伊和死胎的总和数	
	胎平健仔	平均每头分娩母猪所产的健仔数	公式＝健仔总数/产仔总胎数

续表附件一

<table>
<tr><th>填写类别</th><th>填写项目</th><th>项目说明</th><th>填写说明</th></tr>
<tr><td rowspan="3">断奶情况</td><td>母猪胎数</td><td>停止哺乳的母猪头数</td><td></td></tr>
<tr><td>仔猪头数</td><td>已停止哺乳的健康与非健康的仔猪群体总称</td><td></td></tr>
<tr><td>仔猪重量</td><td>断奶时,所有仔猪的总重量</td><td></td></tr>
<tr><td rowspan="3">哺乳仔猪转保育</td><td>头数</td><td>断奶时,转入保育舍的体况正常、体重达标的健康仔猪头数</td><td></td></tr>
<tr><td>重量</td><td>转入保育舍健康仔猪的总重量</td><td></td></tr>
<tr><td>转群抛</td><td>断奶时,由于体重不达标或存在其他问题的仔猪头数</td><td>该部分仔猪计入在保育存栏数,但是不计入保育成活率,由产房作为死亡数上报</td></tr>
<tr><td rowspan="3">保育仔转育肥</td><td>头数</td><td>保育转育肥时,转入育肥舍的合格保育猪头数</td><td></td></tr>
<tr><td>重量</td><td>转入育肥舍的合格保育猪的总重量</td><td></td></tr>
<tr><td>转群抛</td><td>转入育肥舍时,不合格保育猪头数</td><td>该部分保育猪计入育肥猪存栏数,但是不计入育肥成活率,由保育阶段作为死亡数上报</td></tr>
<tr><td rowspan="2">种猪淘汰</td><td>正常淘汰</td><td>淘汰母猪胎龄在 8 胎以上</td><td></td></tr>
<tr><td>非正常淘汰</td><td>淘汰母猪胎龄在 8 胎以下</td><td></td></tr>
<tr><td rowspan="4">存栏</td><td>待配母猪</td><td>断奶 7 d 内的母猪群体</td><td></td></tr>
<tr><td>空怀母猪</td><td>断奶超过 7 d 和因流产、B 超空怀、返情不配等原因造成的尚未配种的母猪群体</td><td></td></tr>
<tr><td>妊娠母猪</td><td>配种后饲养管理至产仔前的母猪群体</td><td></td></tr>
<tr><td>哺乳母猪</td><td>分娩后饲养管理至断奶前的母猪群体</td><td></td></tr>
</table>

附件二　猪场猪舍设备检查表

日期：　　年　月　日

项目	检查设备	检查标准	检查时状况	处理措施	检查人	备注
环控系统	风机与百叶窗	清洁干净、百叶无变形				
	风机皮带	松紧度合适				
	进风口纱窗	清洁干净、无破损				
	电机状况	功率匹配				
		电机清洁、传动流畅、无杂音				
	控制箱与温度敏感器	清洁干净、标志清晰				
		设置正确、正常运转				
监控系统	摄像头	所有摄像头正常使用、可转动				
		温控正常显示温度				
		对话球机可正常对话				
	显示	画面正常显示				
保温系统	保温灯或电热板	设备正常、清洁干净、位置合理				
	热水管道	无堵塞、无损坏、散热均匀				
	猪舍封闭性	无漏风				
水线系统	送水管道	无漏水、无堵塞、压力合理				
	饮水器、水碗	无漏水、数量、位置及高度合理				
	水表	正常运行				
	供料管道	无堵塞、无损坏				
	仔猪补料槽	型号大小合理、清洁、干净				
	料槽	喂量刻度合理、无损坏、清洁				
供电系统	供电线路	线路合理、无损坏、无漏电				
	照明	照明正常、合理安装				
		灯具无损坏、清洁卫生				
		分区控制、及时开关、照度合理				
	电表	用电情况、无损坏、无漏电				

附件三　猪场免疫记录表

栏舍	猪类别	猪日龄	疫苗接种			生产商	疫苗批次	有效日期	接种头数	剂量/头	接种技术员	接种途径	备注
			疫苗名称	计划日期	实际日期								

注：后备猪和仔肥猪按批次记录，种猪普免按免疫时间集中记录

附件四 猪场猪群治疗记录表

序号＼项目	时间	猪只类别	栏号	种猪耳号	头数	周龄或胎龄	体重	主要临床症状	使用药物名称	使用药物剂量	治疗日期			治疗结果	兽医
											1	2	3		
1															
2															
3															
4															
5															
6															
7															
8															
9															
10															
11															
12															
13															
14															
15															

附件五　猪场猪舍日常情况记录表

日期	生(种)猪存栏头数						饲料/kg			环境温度		备注
	昨存	转入	转出	销售	死淘	今存	料型	入库量	耗用量	上午 8:00	下午 15:00	

饲养员：　　　　　　　　　　主管：

附件六　后备母猪发情记录表

引进日期：　　　　引进头数：　　　　单位：头　　　　第______页，共______页

序号	后备猪耳号	栏号	第一情期		第二情期		第三情期		治疗、异动情况	鉴定人员	备注
			日期	发情表现	日期	发情表现	日期	发情表现			
注：发情表现描述发情是否明显，阴户是否红肿，是否有静立反射等											

饲养员：　　　　　　　　配怀负责人：

附件七 猪场公猪采精记录表

年 月

序	役精时间	公猪编号	26	27	28	29	30	31	1	2	3	4	5	6	7	8	9	10	11	12	13	14	15	16	17	18	19	20	21	22	23	24	25
1																																	
2																																	
3																																	
4																																	
5																																	
6																																	
7																																	
8																																	
9																																	
10																																	
11																																	
12																																	
13																																	
14																																	
15																																	

注：在采样公猪的日期下进行标记

附件八 猪场精液检测记录表

日期	公猪		公猪精液采集及检测情况						稀释份数	精液是否合格	外购精液来源	稀释后精液或外购精液检测情况					
	品种	耳号	颜色	气味	采精量/mL	密度 亿个/mL	活力/%	畸形率/%				密度 亿个/mL	活力/%	畸形率/%	是否合格	鉴定员	备注

附件九　猪场配种原始记录表

日期：　　年　月　日～　月　日

配种周次	♀品种	胎次	配前状况		首配				二配				三配				妊娠检查		预产期	分娩日期
	耳号		状态	发生日期	日期	♂耳号	评分	配种员	日期	♂耳号	评分	配种员	日期	♂耳号	评分	配种员	3周	6周		

附件十　猪场分娩生产记录表

日期：　　年　　月　　日～　　月　　日

分娩日期	母猪耳号	品种	胎次	产仔数						初生重		保健注射(日期)		是否助产	分娩后状况	接产员
				健壮仔	弱仔	畸形	死胎	木乃伊	小计	总重	均重	第1次	第2次			
合计																

生产业绩分析：产健壮仔成活率________%，断奶平均日龄________天，断奶头平均重________kg/头

附件十一 猪场保育、育肥生产日常记录表

日期	转入数/头	销售数/头	死亡数/头	淘汰数/头	存栏数/头	头均日采食量/kg	死淘原因	异常猪非瘟检测

附件十二　猪场保育、育肥生产统计日报表

日期	存栏数/头	死亡数/头	淘汰数/头	温、湿度/℃、%	
				上午	下午

附件十三　猪场生猪盘点工作表(公猪站)

盘点时间:________年______月______日　单位:头　第______页,共______页

列号	栏号	耳牌号	品种	役精时间	备注	列号	栏号	耳牌号	品种	役精时间	备注
	1						1				
	2						2				
	3						3				
	4						4				
	5						5				
	6						6				
	7						7				
	8						8				
	9						9				
	10						10				
	11						11				
	12						12				
	13						13				
	14						14				
	15						15				
	16						16				
	17						17				
	18						18				
	19						19				
	20						20				
	21						21				
	22						22				
	23						23				
	24						24				
	25						25				
	26						26				
	27						27				
	28						28				
	29						29				
	30						30				
	31						31				
	32						32				
	33						33				
	34						34				
	35						35				
	36						36				
	37						37				
	38						38				

说明:1.公猪品种:Y-大白,L-长白,D-杜洛克,P-其他

2.役精时间,是指公猪从后备状态转为役精状态后,役精的时长,按月统计

盘点人:　　　　负责人:　　　　场长:　　　　监盘人:

附件十四　猪场生猪盘点工作表(配怀舍)

盘点时间:________年______月______日　单位:头　第______页,共______页

列号	栏号	耳牌号	品种	胎次	当前状态	发生时间	列号	栏号	耳牌号	品种	胎次	役精时间	发生时间
	1							1					
	2							2					
	3							3					
	4							4					
	5							5					
	6							6					
	7							7					
	8							8					
	9							9					
	10							10					
	11							11					
	12							12					
	13							13					
	14							14					
	15							15					
	16							16					
	17							17					
	18							18					
	19							19					
	20							20					
	21							21					
	22							22					
	23							23					
	24							24					
	25							25					
	26							26					
	27							27					
	28							28					
	29							29					
	30							30					
	31							31					
	32							32					

说明:1.当前状态:A-怀孕,B-断奶,C-返情,D-流产,E-后备,F-查情公猪

2.发生时间指对应的配种、断奶、返情、流产、后备猪转进的时间

盘点人:　　　　生产负责人:　　　　场长:　　　　监盘人:

附件十五　猪场生猪盘点工作表(分娩舍)

盘点时间:________年______月______日　　单位:头、kg　第______页,共______页

列号	栏舍	母猪					仔猪						仔猪批次号	备注
		耳牌号	胎次	品种	当前状态	发生日期	种猪		三元杂	合计头数	头均重	总重		
							♂	♀						
A	1													
	2													
	3													
	4													
	5													
	6													
	7													
	8													
	9													
	10													
	小计													
B	1													
	2													
	3													
	4													
	5													
	6													
	7													
	8													
	9													
	10													
	小计													
合计		M:______头　N:______头　O:______头　P:______头　仔猪:______头												

说明:1.当前状态:M-临产,N-哺乳,O-空怀,P-其他。

2.发生时间是指对应的分娩、断奶、流(早)产、怀孕猪转进的时间。

盘点人:　　　　生产负责人:　　　　场长:　　　　监盘人:

附件十六　猪场生猪盘点工作表(后备、保育、育肥舍)

盘点时间:________年______月______日　　单位:头、kg　第______页,共______页

列号	栏号	种猪			三元杂	合计头数	批次号	估重		抽重			实际重量	备注
		品种	♂	♀				头均重	总重	头数	重量	头均重		
	1													
	2													
	3													
	4													
	5													
	6													
	7													
	8													
	9													
	10													
	11													
	12													
	13													
	14													
	15													
	16													
	17													
	18													
	19													
	20													
	21													
	22													
	23													
	24													
	25													
	26													
	27													
	28													
	29													
	30													
合计														

本栋总计_____头,总估重_____kg,头均重_____kg。实际总计_____头,总重_____kg,头均重_____kg

盘点人:　　　　生产负责人:　　　　场长:　　　　监盘人:

附图

楼房母猪场规划与布局图

（图片来源：新化县久阳农业开发有限公司）

育肥场规划与布局图

（图片来源：湖南新五丰股份有限公司）

新五丰新化久阳 13 200 头母猪楼房猪场

（图片来源：湖南新五丰股份有限公司）

参考文献

湖南明启环保工程有限公司，2020.湖南新五丰久阳生态养猪场建设项目环境影响评价报告书[M]. 内部交流资料.

李长强，李童，等，2013. 生猪标准化规模养殖技术[M]. 北京：中国农业科学技术出版社.

林长光，2010. 母猪精细化健康养殖[M]. 福州：福建科技出版社.

刘成，黄祥元，2015. 安全猪肉生产与监控[M]. 北京：中国农业科学技术出版社.

宁建龙，2020. 湖南新五丰生物安全对标管理手册[M]. 内部交流资料.

宁建龙，吴丹丹，2021. 湖南新五丰母猪饲养对标管理操作手册[M]. 内部交流资料.

宁建龙，吴丹丹，2021. 湖南新五丰育肥猪饲养对标管理操作手册[M]. 内部交流资料.

PSY 应用研究院，2018.母猪年生产力提升应用技术[M]. 长沙：湖南科学技术出版社.

青岛大牧人机械股份有限公司，2020. 猪场设备用户手册[M]. 内部交流资料.

于桂阳，王美玲，2011. 养猪与猪病防治[M]. 北京：中国农业大学出版社.

袁延文，2014. 养殖业主导配种和主推技术[M]. 长沙：湖南科学技术出版社.

赵雁青，陈国宇，2001. 现代养猪技术[M]. 北京：中国农业大学出版社.